工艺安全管理手册

徐 智 编著

中国石化出版社

内 容 提 要

本书阐述了危险化学品行业开展工艺安全管理的必要性和价值所在，系统深入地介绍了该行业工艺安全管理的组成维度、要素、内容，针对性地给出了每一要素落地于生产实践的实施思路、管理流程、关键环节或要点、工具方法以及行业典型案例等。

本书可供危险化学品相关企业建设工艺安全管理体系、开展工艺安全管理工作的从业人员参考阅读。

图书在版编目(CIP)数据

工艺安全管理手册/徐智编著．—北京：中国石化
出版社，2022.10
ISBN 978 - 7 - 5114 - 6834 - 5

Ⅰ.①工… Ⅱ.①徐… Ⅲ.①化工产品 - 危险品 -
安全生产 - 生产管理 - 手册 Ⅳ.①TQ086.5 - 62

中国版本图书馆 CIP 数据核字(2022)第 186699 号

中国石化出版社出版发行
地址:北京市东城区安定门外大街 58 号
邮编:100011 电话:(010)57512500
发行部电话:(010)57512575
http://www.sinopec-press.com
E-mail:press@ sinopec.com
北京富泰印刷有限责任公司印刷
全国各地新华书店经销
*
710×1000 毫米 16 开本 11.25 印张 195 千字
2023 年 2 月第 1 版 2023 年 2 月第 1 次印刷
定价:78.00 元

《工艺安全管理手册》
编委会

主　任：徐　智

委　员：王家华　岳　静　张　亮
　　　　张　磊　唐金娟　赵　通

前　言

工艺安全管理（Process Safety Management, PSM）的主要目的是预防危险化学品（以下简称危化品）或能量的意外泄漏（或释放），特别是防止其泄漏到人员活动区域，造成严重的工艺安全事故，危及人员生命安全。完善的工艺安全管理不但能减少人员伤亡、避免重大财产损失及环境破坏，而且可以通过削减甚至消除工艺生产系统中的安全风险和事故隐患，提高工艺设备的可靠性和完整性、提升产品质量、降低生产成本、推动企业安全管理高效运行。

自 20 世纪 80 年代以来，工艺安全管理体系在国外得到了广泛的发展和应用，许多国家在一些危险行业甚至环境和公共安全领域强制推行工艺安全管理。国外一些危化品行业特别是化工行业的跨国公司也纷纷建立了自己的工艺安全管理体系。从价值上讲，工艺安全管理体系在国外的广泛应用，对危化品行业的安全生产及行业的快速发展起到了巨大的推进作用。

进入 21 世纪后，我国安全生产管理进入快速发展时期，相应的法律法规日趋严格，相关的安全管理标准规范日趋完善，全员安全意识也在逐步提高。国家安全生产监督管理总局（现应急管理部）于 2010 年颁布了 AQ/T 3034—2010《化工企业工艺安全管理实施导则》，并于

2011 年 5 月 1 日正式实施。

本书是参考 AQ/T 3034—2010《化工企业工艺安全管理实施导则》，并结合 AQ/T 3012—2008《石油化工企业安全管理体系实施导则》、AQ 3013—2008《危险化学品从业单位安全标准化通用规范》等国内标准的相关管理要求，同时借鉴 OSHA 29 CFR 1910. 119《高度危险化学品工艺安全管理》、DIRECTIVE 2012/18/EU《塞维索指令Ⅲ》等国外标准的成熟经验，在北京天泰志远科技股份有限公司（以下简称天泰志远）和北京高名安全科技发展有限公司（以下简称高名安全）多年工艺安全管理咨询服务实战经验的基础上，吸纳其他国内外先进企业的成功经验和典型做法，从工艺安全管理的发展历程、特点、价值所在、组织保障、要素落地解读、审核典型案例等多个方面，为工艺安全管理及相关从业人员提供必要的技术指导。同时，也可以为危化品企业推进工艺安全管理体系建设提供技术支持。

在本书编写过程中，得到天泰志远及高名安全多位专家、中国矿业大学（北京）应急管理与安全工程学院相桂生教授以及多家危化品企业客户的大力支持和帮助。他们为本书提供了许多优秀素材和改进建议，在此对他们表示衷心的感谢！同时，本书编写过程中参阅了大量的国内外文献及相关资料，在此对原编著者深表感谢！

鉴于工艺安全管理有着很强的专业性和实践性，而编者水平有限，书中难免有疏漏或不妥之处，诚恳欢迎使用单位或个人提出宝贵意见和建议，以确保本书得到适时纠正和完善。

目　　录

第1章 工艺安全管理概述

1.1 工艺安全管理发展历程

随着科学技术的发展，新技术、新工艺、新装备的不断涌现，装置规模的日益扩大，化学品种类变得越来越多，处理、储存数量日益增加，而且危险性也越来越大。同时，各个企业和工厂的操作工艺技术日趋复杂，操作条件越来越苛刻。20 世纪末在全世界范围内，发生了一系列对人类和环境具有重大影响的安全事故，这些事故引起了各国政府对化工企业和工厂工艺安全管理的深度思考，一系列关于企业生产安全的法律法规随之出台。

1977 年发生在意大利塞维索的有毒蒸汽泄漏事故，促成了欧洲第一部工艺安全法规的颁布，即 1982 年颁布的 DIRECTIVE 82/501/EEC《某些工业活动的重大事故危害》的指令。该指令因为塞维索事故而得名，被称为《塞维索指令 I》。

1984 年，印度博帕尔发生举世震惊的毒气泄漏事件，促使美国化学工程师协会专门成立了化工过程安全中心(CCPS)，该中心的设立为化工、石化等行业提供了工艺安全技术及管理方面的全面支持，防范重大工艺安全事故的发生，帮助企业降低化工事故发生的风险。同时，出版了一系列的安全导则。1992 年 2 月 24 日，美国职业健康安全局(OSHA)首次颁布了 29 CFR 1910.119《高度危险化学品工艺安全管理》标准，并于 1992 年 5 月 26 日生效。

1996 年 12 月 9 日，欧洲通过吸取博帕尔事故的经验教训，修订了《塞维索指令 I》，颁布了更强调重大危害控制的 DIRECTIVE 96/82/EC《涉及危险物料的重大事故危害控制》，也被称为《塞维索指令 II》。同年，韩国政府也参考美国职业健康安全局的工艺安全管理体系，颁布了具有韩国企业管理特色的工艺安全管理体系。

1999 年，为加强对事故风险的控制，美国国家环境保护局（EPA）在 OSHA 工艺安全管理系统的基础上，又将环境与公众安全纳入了监管范围，补充了风险评价、应急预案的要求，颁布了《净化空气法案》。

2012 年，欧盟发布了 DIRECTIVE 2012/18/EU《塞维索指令Ⅲ》，与新化学物质认证系统相匹配，并与联合国经济委员会公约相衔接，成为一部比较全面、综合、完善的预防和控制危险化学品重大事故的法规文件。

工艺安全管理及技术自 20 世纪 80 年代以来，开始蓬勃发展。在进入 20 世纪 90 年代以后逐渐发展成为一门独立的学科。目前美国和欧洲非常重视工艺安全管理，强调运用系统方法、技术预防工艺安全事故的发生，并且在高危行业中强制推行工艺安全管理。

我国工艺安全体系发展起步较晚，改革开放以来，工艺水平有了很大的提高，危化品行业得到蓬勃发展，但是也发生了很多安全管理事故。为了有效遏制化学事故的发生，1997 年颁布了 SY/T 6230—1997《石油天然气加工 工艺危害管理》标准。

2008 年 11 月 19 日，国家安全生产监督管理总局发布了 AQ 3013—2008《危险化学品从业单位安全标准化通用规范》。该标准明确了高危化学品生产使用企业实行工艺安全标准化的总体原则、过程以及要求，被用于指导高危化学品生产和使用单位安全标准化系列的编制和实施，适用于国内高危化学品生产、储存和使用的企业。

2010 年 9 月 6 日，首次颁布了工艺安全管理的国家安全推荐标准 AQ/T 3034—2010《化工企业工艺安全管理实施导则》，并在 2011 年 5 月 1 日实施。该标准是与 AQ/T 3012—2008《石油化工企业安全管理体系实施导则》相衔接的标准，用来帮助企业强化工艺安全管理，提高安全业绩。

1.2 工艺安全管理特点

工艺安全有别于传统的"安全"概念。传统的"安全"主要是保护人的，是指使用各类个人防护用品和建立相应的规章制度来保护作业人员，防止发生人员伤害事故。而工艺安全则强调采用系统的方法对工艺危害进行辨识，根据工厂不同的生命周期或生产阶段的特点，采取不同的方式辨别存在的危害、评估危害可能导致的事故频率和后果，并以此为基础设法消除危害以避免事故，或减轻危害可能导致的事故后果。工艺安全的侧重点是工艺系统或设施本身，同时也关注可能导致工艺事故的人为因素。与一般的职业安全更多关注人的行为不同，工艺安全较为关注工艺系统或设施本身是否存在技术上的缺陷或安全操作的隐患，且具有以下特点。

(1)工艺安全管理以风险管理为基础。

工艺安全管理强调运用系统的技术和管理手段，识别、理解、消除和控制工艺危害，以风险评价为工具，以风险大小为决策依据，在设计上确保工艺生产系统具备可以接受的安全性，并使工艺设施在建成后按照设计意图安全地运转。

(2)工艺安全管理是整个生命周期的全过程管理。

工艺安全管理主要对象是处理、使用、加工或储存危化品的工艺系统和设备设施。从设计、施工、生产运行到最终报废拆除，工艺安全管理强调的是采取前置性的策略，保证生产过程从运行的第一刻开始到报废拆除的最后一刻结束全生命周期都是安全可靠的。

(3)工艺安全管理需要全员参与。

工艺安全管理综合工艺设计、生产受控、设备管理等多个方面，涵盖工艺、设备、仪表、电气、安全、操作、维护等多专业，是一个涉及每位员工的管理体系。它的关键词是"参与"，从领导层到从事生产的操作员工都为工艺安全管理的成功实施负有责任。管理层必须组织和领导工艺安全管理体系初期的启动，但员工在实施和改进上也发挥着必不可少的作用，因为他们是对工艺如何运行了解最多的人，必须由他们来执行建议和变动。

1.3　工艺安全管理价值所在

(1)工艺安全管理的超前性。

传统的安全管理仅限于法律法规、规章制度的管理，往往是事故发生后进行被动的事故分析，指出事故发生的原因，制定改进措施，这种安全管理常常是被动于生产、落后于生产的发展。随着企业工艺设备的不断更新和新技术的不断应用，对生产过程的工艺安全必须进行超前管理，在生产工艺设备投用之前、新技术开发之时，就对该新技术和生产工艺进行工艺危害分析(PHA)，完善安全技术措施，使安全管理超前于生产。

(2)工艺安全管理的科学性。

传统安全管理在处理生产的安全问题时，往往是凭经验、凭感觉、凭责任心，缺乏由表及里的深入分析，难于发现潜在的事故隐患。现代企业不断引进新设备、开发新工艺，只有应用工艺安全管理进行科学的分析，制定科学的安全管理措施，才能适应目前企业安全管理的需要。随着科学技术和生产工艺的发展，对贯穿于生产工艺全过程的安全技术提出了更高的要求，同时也为安全技术的发展创造了条件。

(3)工艺安全管理促进了安全管理人员素质的提高。

安全管理人员在工艺安全管理过程中不但要有足够的安全知识，而且还要有充足的生产工艺知识，要掌握生产工艺的介质性能、工艺控制指标、控制方式等，对生产工艺过程中危险性因素有充分的了解，懂得控制过程发生变化时可能造成的直接或间接后果等，这就大大促进了安全管理人员素质的提高。

1.4　工艺安全管理组织保障

按照"写你所做、做你所写"的原则，如果不是"两张皮"，管理体系标准就是企业的组织行为准则，通常都是以领导与承诺为开始(满足法律法规要求、持续改进的要求等)，以实现承诺为最终目标。工艺安全管理虽然关注的主要对象是处理、使用、加工或储存危化品的工艺系统和设备设施，但是为保证工艺安全管理体系各种标准制度的落地执行，企业同样也需要建立一个强有力的组织机构作为保障，明确相关职责权限，并通过发挥领导的作用，以身作则，明确践行安全价值观，引领带动管理人员以及生产一线操作员工广泛参与安全管理活动，严格执行相关标准制度，最终实现预先设定的安全管理目标。

1.4.1　领导与承诺

领导是一个组织的核心，是企业管理工作的第一责任人，是管理体系规范运行及安全文化建设的引领者及资源提供者；通过兑现制定的具体、可实施、可见、具有方向引导性的承诺，践行有感领导，落实资源支持，引领所有员工遵循企业核心价值，落实工作职责，持续提升管理，实现企业目标。

为充分发挥有感领导引领示范作用，推进工艺安全管理，实现安全管理目标，应从以下五个方面入手：

1）根据国家政策及法规标准要求，结合本企业工艺安全管理现状，由最高管理者组织起草、审阅、批准和沟通本企业的承诺。

2）各基层单位管理者应结合本企业的承诺、基层单位的工艺安全管理实际和个人职责，制订具体、可实施、可见、具有方向引导性的承诺和个人行动计划。

3）承诺和个人行动计划需以适当且有效的方式公示，如公共媒体、会议、公示栏、组织网页等。

4）各级领导应以身作则兑现承诺，落实个人行动计划，提升领导力，让员工听到、看到、感受到有感领导的示范作用，带动全员参与，培育本企业的安全文化。

5）从最高管理层开始，各级领导逐级制订、落实承诺和个人行动计划，并接受全体员工的监督。

1.4.2 机构与职责

为促进工艺安全管理，企业按照科学、高效的原则设置组织机构、配置人员、明确职责和权限划分，为企业承诺、方针、目标的实现，安全文化的推进提供保障。职责和权限是确保员工有效履行管理要求的重要抓手。直线责任和属地管理是职责和权限有效落实的重要方式。坚持"谁主管、谁负责"的原则，做到任务具体、资源相称、职责明确、属地清晰、全员履责、考核到位、动态管理，建立层层负责、人人有责、各负其责的工作体系。

机构和职责管理主要包括组织机构建立、直线与属地职责划分、职责履行和考核激励等方面。

1）设立各层级管理组织，明确职责，定期组织召开管理层会议，确保有效运作。各级管理组织为企业目标的实现、各管理要素的落实提供技术支持和资源支持，引领和激励全员参与工艺安全管理。

2）按照"党政同责、一岗双责、齐抓共管、失职追责"的要求，逐级建立健全责任制。

3）将所有工艺安全管理工作逐一分解落实到岗位，明确岗位职责，做到所有岗位员工都有明确的管理区域或管理界限、具体的管理对象、工作任务、清晰的管理标准和要求，确保管理无空白、无漏洞。

4）属地管理者以工作区域为主，以岗位职责为依据，把工作区域、工艺及设备设施、工器具等细化至各级员工，划分出界面清晰的管理属地，明确属地职责，确保属地管理执行到位。

5）各级管理者应通过逐级激励、督导，确保直线责任与属地职责落实。实行公平、公正、公开、及时的考核激励机制，正向引导员工履行岗位职责。

1.4.3　方针与目标

企业方针是企业进行管理的根本原则和行动指南。制定任何政策和制度，开展任何活动时都必须遵守和维护企业方针。目标是企业管理的总体方向，企业应设定挑战性的目标并逐级分解，指导、跟踪工作计划的完成，确保目标的实现。

工艺安全管理方针和目标的制定以及管理应包含以下主要内容：方针的制定依据，目标指标的设定、分解及考核，方针与目标的评审和更新。

1）以工艺安全管理相关管理理念、管理方针、管理原则为基础，结合企业实际，管理层和员工共同参与制定工艺安全管理方针，用于指导各种生产经营活动的开展和相关政策、制度的制定。

2）以管理方针为基础，结合企业工艺安全管理现状，管理层和员工共同参与制定企业的工艺安全管理目标。

3）将目标逐级分解为可量化指标，逐级签订责任书；针对目标、指标制定并落实配套的管理方案及政策措施，明确责任和时限，确保目标指标的实现。定期对指标和工作计划的完成情况进行考核并跟踪分析。

4）方针与目标应通过有效的信息沟通渠道传达到所有员工和相关方，如通过培训、公共媒体、会议、公示栏、组织网页等，以确保得到充分理解、认可和遵守执行。

5）根据需要对方针与目标进行评审和更新，确保方针与目标的适宜性、充分性和有效性。

第2章 工艺安全管理要素解读

工艺安全管理(PSM)是指对生产工艺综合运用管理体系(程序、制度)和管理控制(审核、评估),使得工艺危害得到识别、分析、评价和控制,从而达到预防工艺事故和伤害发生的目的。工艺安全管理的核心就是防止危化品(或能量)的意外释放对人员造成的伤害以及对周围设施、环境造成的影响,管理的主要对象或侧重点是危化品的生产、储存、使用、处置或搬运过程中相关的工艺系统和设备设施。

AQ/T 3034—2010《化工企业工艺安全管理实施导则》主要包含 12 个管理要素:工艺安全信息(PSI)、工艺危害分析、操作规程(OP)、培训、承包商管理、试生产前安全审查(PSSR)、机械完整性(MI)、作业许可、变更管理、应急管理、工艺事故/事件管理、符合性审核。《关于加强化工过程安全管理的指导意见》(安监总管三〔2013〕88 号)的主要内容和任务包括:收集和利用化工过程安全生产信息;风险辨识和控制;不断完善并严格执行操作规程;通过规范管理,确保装置安全运行;开展安全教育和操作技能培训;严格新装置试车和试生产的安全管理;保持设备设施完好性;作业安全管理;承包商安全管理;变更管理;应急管理;事故和事件管理;化工过程安全管理的持续改进等。

本手册根据工艺安全管理侧重点或管理对象的不同,将主要管理要素分为技术管理、设备管理、人员管理和系统管理共四个管理模块,同时将变更管理拆分为工艺变更和设备变更两个要素,将机械完整性中在正式投产前的部分管理内容重新定义为质量保证(QA)管理要素,其余内容不变。其中,技术管理模块包含四个管理要素:工艺安全信息、工艺危害分析、操作规程和工艺变更管理(PMOC);设备管理模块包含四个管理要素:质量保证、试生产前安全审查、机械完整性和设备变更管理(EMOC);人员管理模块包含两个管理要素:能力评估与培训、承包商管理；系统管理模块包含四个管理要素：作业许可、应急管理、工艺事故/事件管理、符合性审核。工艺安全管理模型如图2-1所示。

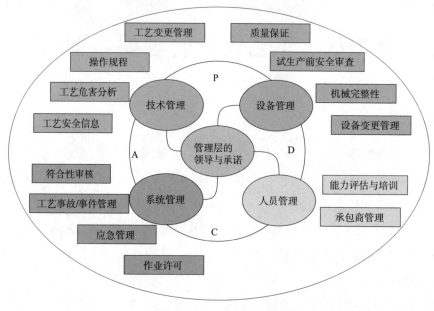

图2-1　工艺安全管理模型

2.1　技术管理

以 AQ/T 3034—2010《化工企业工艺安全管理实施导则》为主体框架，结合危化品企业工艺安全管理的生产实践，对 AQ/T 3034—2010《化工企业工艺安全管理实施导则》中涉及工艺技术管理(工艺安全信息、工艺危害分析、操作规程、工艺变更管理)的四个要素进行分析、解读。

工艺安全信息是工艺安全管理的信息基础，是开展工艺危害分析、工艺设备变更管理、机械完整性管理、应急管理，编制操作规程、应急预案，以及开展员工培训的基础信息资料。因此，在任何时候均应保持工艺安全信息的完整性和准确性。

工艺危害分析是工艺安全管理的核心要素，是以系统的方式开展危害因素识别、风险评价，进而控制危害的一种工具。工艺危害分析主要包括危害因素识别、后果分析、风险评价以及人为因素分析、本质安全度分析，可以根据需要在装置全生命周期的不同阶段开展，为消除和减少工艺过程中的危害提供决策依据，是识别、控制过程风险，实现安全管理的重要手段。

操作规程是保证生产安全平稳运行的必要条件，是依据工艺或设备管理要求，并结合生产实践以及工艺危害分析结果制定的一系列准确的操作步骤、规则和程序，是生产单位进行生产活动的主要技术文件，是一线员工操作的法定依据，同时也是技术工程师和管理者指挥生产的重要依据。

变更管理(MOC)贯穿于工艺安全管理的全生命周期，工艺变更是变更管理的重要组成部分，任何复杂工艺的变更都必须进行工艺危害分析，确保变更的风险受控。

通过上述四个方面的论述，以帮助企业认识工艺安全技术管理四个要素的内涵，从而理解实施工艺安全技术管理四个要素的基本要求，使企业管理人员了解工艺安全技术管理的内容、要求和目的，为危化品企业实施工艺安全管理提供参考和技术支持。

2.1.1　工艺安全信息(PSI)

(1)概述

工艺安全信息是工艺安全管理工作的起点。主要包括化学品危害信息、工艺技术信息、工艺设备信息。

化学品危害信息主要包括工艺过程中原料、催化剂、助剂、中间产品、副产品、残料和最终产品等物料清单、化学品安全技术说明书(Safety Data Sheet for Chemical Products，SDS)信息、化学品反应矩阵、危险有害物质的最大库存量。

工艺技术信息主要包括采用的工艺流程图(PFD)、工艺管道及仪表流程图(P&ID)、工艺化学原理、装置标准运行条件(SOC)和极限运行条件(SOL)、偏离正常工况或极限运行条件的后果评估和纠偏程序等信息。

工艺设备信息主要包括工艺设备设计标准、爆炸危险区域划分图和设备设施及管道、仪表自控系统、水电汽风等公用工程系统、安全附件等的设计、采购、制造、安装、验收、使用、维护、检修、检测检验等信息。

(2)管理流程

工艺安全信息管理流程如图2-2所示。

2.1.1.1　建立相关管理制度

企业应建立并实施《工艺安全信息管理制度》，明确化学品危害信息、工艺技术信息、工艺设备信息的收集、汇总、归档、使用及更新等管理要求，以为工艺危害分析及后续工艺安全管理提供坚实可信的基础。

《工艺安全信息管理制度》具体内容可包括"目的、适用范围、术语和定义、规范性引用文件、职责划分、收集的内容及深度(颗粒度)要求、信息的汇总及归档管理要求、信息的使用及更新管理要求等"。例如，信息由谁提供、应在项目全生命周期的哪个阶段提供、提供的信息应详尽到什么标准，谁来负责收集、汇总和归档管理，哪些部门和单位应该掌握必要的信息，信息如何应用于生产实践等。

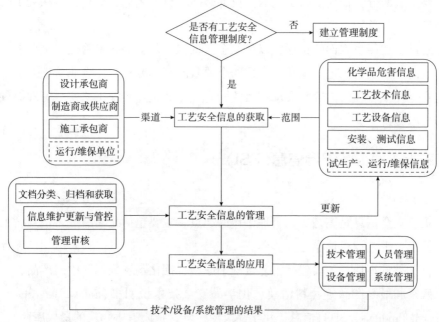

图2-2　工艺安全信息管理流程

2.1.1.2　化学品危害信息

(1)物料清单。

尽可能考虑将企业所用到的所有化学品，尤其是危化品的名称、所在装置或存放点、UN/CN编号、主(次)危险性类别、是否属危化品、是否属高毒物品、是否属剧毒化学品、生产场所最大量等信息列出，并整理成清单或台账。

(2)化学品安全技术说明书。

化学品安全技术说明书也可译为化学品安全数据说明书(Material Safety Data Sheet，MSDS)，是化学品生产或销售企业用来阐明化学品的理化特性(如密度、闪点、引燃温度、反应活性等)以及对使用者健康(如致癌、致畸等)和环境可能产生危害的一份文件。

安全技术说明书是获取化学品危害信息的重要途径。安全技术说明书的内容包括化学品及企业标识、成分/组成信息、危险性概述、急救措施、消防措施、泄漏应急处理、操作处置与储存、接触控制/个体防护、理化特性、稳定性和反应性、毒理学资料、生态学资料、废弃处置、运输信息、法规信息、其他信息等，详见 GB/T 16483—2008《化学品安全技术说明书　内容和项目顺序》。

在实际生产活动中，很多物料的组分不是单一的，浓度等也是基于生产需要进行动态调配的，因此很多时候供应商提供的或者公开信息资料库中收集到的安全技术说明书的内容并不能真实反映物料的理化特性和健康、安全属性，所以还需要企业想办法自行或委托第三方开展安全技术说明书内容的分析、测定，以尽可能准确地反映物料的真实物性、危害性及危害应对措施，既不应缺，也不应过。否则，照搬标准安全技术说明书将使其生产安全指导意义大打折扣。

（3）化学品反应矩阵。

由于活性物质的能级较高，在某些生产、操作或处置过程中，浓缩、受热、光照、增压、摩擦、撞击或与水汽、空气接触等过程会引发活性物质内在能量的集中爆发，引发意外的火灾、爆炸或中毒等事故。因此，对于安全技术说明书中未标明，但在实际生产活动中有过危险记录的；或者正常生产过程中看似不会发生（如两两接触、特殊工况的出现等），但异常生产情况下存在真实发生可能的，可以采用化学品反应矩阵，以确认化学品之间的相容性。矩阵应包括所有的化学品和工艺材质，在某些必要的情况下，需要把工艺材质分成组分以便查出危险源及危害因素，见表2-1。

表2-1　化学品反应矩阵示例

物料	氢气	甲烷	一氧化碳	二氧化碳	硫化氢	硫醇	氨	空气	蒸汽	甲基二乙醇胺	水	镍基催化剂	铁基催化剂	16锰
氢气	N	N	N	Y1[①]	N	Y1[①]	N	Y2[②]	N	N	N	N	N	?
甲烷		N	N	Y1[①]	N	N	N	Y2[②]	Y1[①]	N	N	N	N	N
一氧化碳			N	N	N	N	N	Y2[②]	Y1[①]	N	N	?	?	N
二氧化碳				N	N	N	Y1[①]	N	N	N	N	N	N	?
硫化氢					N	Y3[③]	N	N	N	Y1[①]	N	?	?	N
硫醇						N	N	N	N	Y1[①]	N	?	?	N

续表

物料	氢气	甲烷	一氧化碳	二氧化碳	硫化氢	硫醇	氨	空气	蒸汽	甲基二乙醇胺	水	镍基催化剂	铁基催化剂	16锰
氨							N	Y2②	N	N	N	N	N	N
空气								N	N	N	N	Y2②	?	?
蒸汽									N	N	N	?	?	N
甲基二乙醇胺										N	N	N	N	N
水											N	N	N	Y4④
镍基催化剂												N	N	N
铁基催化剂													N	N
16锰														N

注: 1. Y 为是，N 为否，? 为尚不清楚，需进一步调查(仅为示例，不代表真实情况)。

　　2. 表中应列出所有的材料，包括已知的杂质、稳定的中间体和副产物。

　　3. 对于每个"Y"，该类反应和必需的条件应当被确定并记录下来，如操作条件或环境条件是否具备。但若两者几乎没有接触可能，则无须采取防范措施。

①系指生产中所应用的化学反应。此类化学反应初步设计以及操作手册/规程中有详细的论述和说明，各相关人员要阅读和学习，严格遵守所规定的各项要求。

②系指可燃物(主要是气体和液体)在空气中发生的燃烧反应。防范措施如下：

a. 防止可燃物料的跑、冒、滴、漏，尤其要杜绝可燃物料大量外漏；

b. 装有可燃物料的设备、管线内，不允许进入空气；

c. 在有可燃物料的生产区域内，要严格禁止烟火甚至禁止携带火种进入。

总之，要从"燃烧三要素"(可燃物、助燃物、点火源)的各个方面采取措施，防止火灾爆炸事故发生。

③系指酸碱中和反应，这类反应放出的热量不会对安全带来太大影响。

④系指游离水与金属之间产生的最基本的电化学腐蚀。此外，湿硫化氢腐蚀、氯离子应力腐蚀、湿二氧化碳腐蚀等也有赖于游离水的存在。

(4)危险有害物质的最大库存量。

危险有害物质的最大库存量即满足法律法规、设计(标准规范)要求以及现有设备设施及防护措施下所允许的最大储存量。当然，还应考虑满足现有工艺生产要求的最小库存量。

2.1.1.3　工艺技术信息

工艺技术信息至少应包括：

1)工艺流程图、工艺管道及仪表流程图：是对装置工艺流程、结构和功能以及装置所需全部设备、仪表、管道、阀门及其控制方案的图解说明。工艺流程图、工艺管道及仪表流程图是工厂工程设计重要工序，也是工艺安全管理的基础关键信息。另外，从工艺安全管理角度，还需特别关注有关危化品、有毒有害物料及腐蚀性介质的物料平衡问题，可考虑绘制出涵盖上述关注内容的物料平衡表，以及反映整个装置能源输入、转换和消耗情况的能量平衡表。

2）工艺化学原理：即工艺流程设计的理论支撑。

3）标准运行条件和极限运行条件：即工艺安全操作范围。当工艺参数超出标准运行条件时，生产运行就可能出现异常波动；当工艺参数超出极限运行条件后，就可能导致灾难性的危化品泄漏或者能量意外释放。企业应有书面文件说明正常操作和极限操作的温度、压力、液位、流量及其他重要工艺参数的范围，同时，文件说明(操作规程或技术手册等)应和生产实际保持一致，并与设计文件一脉相承。

4）偏离正常工况和极限运行条件的后果评估和纠偏程序：包括对员工的安全和健康影响，通常是在工艺危害分析过程中形成的；非正常工况的后果评估资料可以为实际生产提供指导，如在操作规程中，除了包含主要工艺操作参数的正常操作范围和极限操作范围外，还可以根据非正常工况的后果评估资料，说明工艺参数超出安全操作范围的后果和相应的纠正措施或步骤。

2.1.1.4　工艺设备信息

工艺设备信息至少应包括：

1）工艺设备设计标准：是厂区规划、总图布局和装置工艺设备设计、选型的主要依据，也是工厂及装置是否合规、安全的重要判据。

2）爆炸危险区域划分图：是装置电力设备设施设计、选型及安全管理的依据。

3）设备设施等硬件系统信息：是生产的载体，也是工艺安全管理的物理对象。

2.1.1.5　工艺安全信息的管理及应用

(1)工艺安全信息的获取。

企业可通过以下途径获得所需的工艺安全信息：

1）从制造商或供应商处获得安全技术说明书。当然，企业也可以自行或委托第三方建立安全技术说明书数据库，或者查询在线安全技术说明书数据库等。

2）从项目工艺技术包的提供商或项目总承包商处获得基础工艺技术信息。

3）从设计单位获得详细工艺技术信息，包括工艺流程图、工艺管道及仪表流程图，爆炸危险区域划分图、各专业详细设计图纸、说明文件和计算书等。

4）从设备供应商处获得主要设备信息，包括材质证明书、出厂检验合格证、设备设计文件、结构图、装配图、控制逻辑图、安装使用维护说明书、配套附件和配件清单等信息。

5）从项目各专业承包商或总承包商处获得设备专项验收报告、HSE专项验收报告、消防验收报告、工程资料验收报告、总监理报告、单机和联机调试报告、竣工验收报告等信息。

工艺安全信息文件应纳入企业文件控制系统予以管理，并始终保持最新版本。

（2）工艺安全信息的管理要求。

从工艺安全管理的视角，工艺安全信息的收集归档和维护更新应紧紧围绕着风险管控来实施，并应始终与生产实际保持一致。同时，其管控范围应以满足工艺危害分析、生产安全及管理需求为标准，内容太烦琐或太简单都不可取，并应通过更新/变更及连带变更闭环运行。另外，信息在不同相关方之间的互通互联对于风险管控的有效实施非常重要，否则，信息闭塞反而可能成为事故的诱因。因此，拥有复杂且危险生产装置的企业，宜建立激励机制（正激励和负激励）以推动信息的高效管理和有效应用。

1）文档分类、归档和获取。属于工艺安全信息的技术文件须分门别类加注明确的唯一性标识，以便于识别。同时统一编制目录索引（工艺安全信息清单），注明保存地点、责任人、最新的修订日期或版本号。目录索引和工艺安全技术文件以电子文档或纸质版形式进行存档，并须确保所有可能接触危化品或有毒有害物质的员工（包括承包商员工）都能便捷地获取工艺安全信息。

2）信息维护更新与管控。当生产实际发生变化时，工艺安全信息须动态更新，并根据变更管理的要求定期整理换版，以防止使用过期或失效版本的文件。在新修订版本的工艺安全信息中需要给出相对上一版的修订内容概要。完整的工艺安全信息档案至少保留一个冗余备份，并存放在安全地点。

3）审核。每年应对工艺安全信息的收集归档和维护更新进行一次审核，以确保信息的完整性、有效性及与生产实际的一致性，并针对审核结果提出改进意见。审核记录、结论和改进意见应归档管理。

（3）工艺安全信息的应用。

工艺安全信息在项目全生命周期中的应用包括但不限于：

1) 安全技术说明书和工艺化学原理等是设计单位开展设计的重要依据。在装置的工艺流程设计、设备选型和安装、安全防护系统的设计及配备等方面都起着非常重要的作用。

2) 工艺安全信息是开展工艺危害分析及后续工艺安全管理的基础输入和重要依据。它包括制修订操作规程、检维修规程、应急预案;开展运行维护管理、变更管理、技改技措、改扩建甚至事故事件调查;开展员工教育培训;编制开停工方案和施工作业方案;等等。若没有完整、准确的工艺安全信息,工艺危害分析质量及由此构建的危害因素识别清单或风险分级管控清单质量必将大打折扣,后续的工艺安全管理活动可能也会变成无的放矢、徒劳无功,甚至生产作业处于随时可能酿成安全事故的高风险状态中而毫不自知。这就像打仗的人不掌握敌情一样,失败的风险很大。

2.1.2　工艺危害分析(PHA)

(1) 概述。

危化品生产和储存装置运行过程中都存在一定的工艺危害,如果识别和控制不当,可能会导致严重事故的发生。而通过工艺危害分析可以识别、消除和控制工艺危害,以预防工艺安全事故的发生。工艺危害分析是有组织、系统化的工艺分析团队集思广益、创造性的工作,通过系统科学的、有条理的方法来识别、评价和控制工艺装置或设施中的危害,以预防工艺安全事故的发生。

工艺危害分析的基础是工艺安全信息,而工艺危害分析是工艺安全管理的基础。

(2) 管理流程。

工艺危害分析管理流程如图2-3所示。

2.1.2.1　建立相关管理标准

企业应建立并实施《工艺危害分析管理标准》,明确工艺危害分析的组织平台、管理程序及资源需求。

《工艺危害分析管理标准》具体内容可包括"目的、适用范围(新改扩建装置、在役装置、封存/拆除装置、研究和技术开发装置、重大技术变更、工艺安全事故调查等)、术语和定义、规范性引用文件、职责划分、内容及深度要求、时间节点及频次要求、管理要求(分析过程实施要点、分析方法的匹配选择、分析结果的落地应用、持续改进)、资源需求等"。

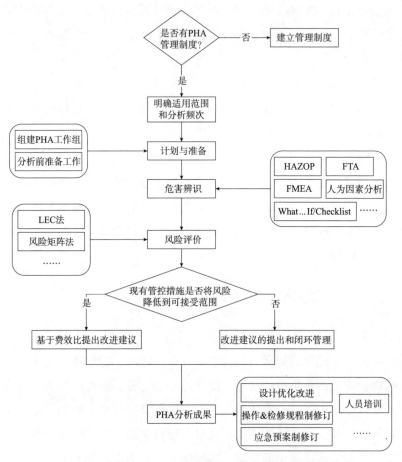

图2-3　工艺危害分析管理流程

　　管理标准中应明确工艺危害分析由谁组织、谁参与，哪些项目(装置/设施)需要实施工艺危害分析，什么时候/阶段实施工艺危害分析，采用哪些方法实施，由谁提供资源保障(人力、财力、时间、信息及技术等)，由谁负责工艺危害分析建议的落实，由谁追踪建议的落实，由谁负责工艺危害分析的质量评审，由谁负责工艺危害分析的程序改进等。

　　此外，危化品企业有必要对生产系统进行基于风险、操作复杂度和重要度的分类分级，并在分类分级的结果基础上采取差异化的工艺危害分析管理要求，如在分析频次方面，涉及"两重点一重大"的装置每3~5年应开展一次工艺危害分析。

2.1.2.2　工艺危害分析适用范围及分析频次

　　工艺危害分析适用于装置的整个生命周期，从装置的新改扩建到生产运维，再到停用封存，直至拆除报废的全生命周期，贯彻始终(见图2-4)。

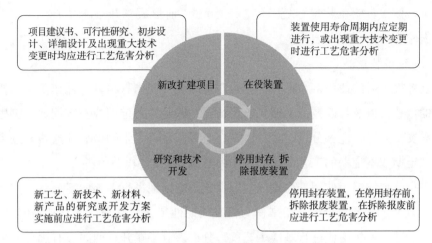

项目建议书、可行性研究、初步设计、详细设计及出现重大技术变更时均应进行工艺危害分析

装置使用寿命周期内应定期进行，或出现重大技术变更时进行工艺危害分析

新改扩建项目　　在役装置

研究和技术开发　　停用封存 拆除报废装置

新工艺、新技术、新材料、新产品的研究或开发方案实施前应进行工艺危害分析

停用封存装置，在停用封存前，拆除报废装置，在拆除报废前应进行工艺危害分析

图2-4　工艺危害分析适用范围

(1)新改扩建项目建设期。

新改扩建项目建设期应开展的工艺危害分析包括：

1)项目建议书阶段的筛选性工艺危害分析。在项目建议书编制阶段进行危害识别，提出对项目产生方向性影响的建议，以显著地减少危害(包括考虑使用本质安全的技术)。

2)可行性研究阶段的项目批准前工艺危害分析。评审"筛选性工艺危害分析"、评审自"筛选性工艺危害分析"以来在项目范围或设计内容上有何变更、确认当前阶段的所有工艺危害均已辨识，并确定当前的项目设计是否能够控制所有的危害。此外，按照国家规定必须进行设立安全评价(安全预评价)的项目，可以不再进行项目批准前工艺危害分析，但设立安全评价的内容应符合项目批准前工艺危害分析的要求；在项目批准前如果不进行设立安全评价，则应进行项目批准前工艺危害分析。

3)基础/初步设计阶段的详细工艺危害分析。在设计单位给出初步设计图后，评审前期的工艺危害分析(包括设立安全评价报告)，并进行系统和深入的分析，辨识所有工艺危害，并提出消除或控制工艺危害的建议措施。在项目实施前必须完成详细工艺危害分析。

4)详细/施工图设计阶段如果出现重大技术变更，应补充进行工艺危害分析。

5)最终工艺危害分析报告。该报告是筛选性工艺危害分析、项目批准前工危害分析、详细工艺危害分析，以及所有在项目工程阶段涉及工艺危害分析文件的汇编。该报告应在装置"试生产前安全审查"前形成，开车前完成，并作为工程资料验收的一项重要内容。

（2）在役装置。

装置投产后的使用寿命期内，不可避免地会出现物料组分、操作工况或控制方式的调整，以及技改技措、改扩建等情况，因此需要定期或不定期地根据生产安全需要开展工艺危害分析。另外，本企业或同行业发生的事故和严重未遂事故也应在定期或不定期的工艺危害分析中考虑进去。

在役装置的整个使用寿命期内应定期或不定期地进行工艺危害分析，包括：

1）基准工艺危害分析。用来作为将来周期性工艺危害分析或再评估的基础。在新装置运行一年内应进行基准工艺危害分析。对于在开车期间没有进行变更的装置，或者虽然进行了变更，但变更不会影响工艺安全的新装置，其最终工艺安全报告经过有效性评估可作为基准工艺危害分析。

2）周期性工艺危害分析。基准工艺危害分析之后，应确定将来进行周期性工艺危害分析的频次。工艺危害分析周期应与装置工艺固有的和已实际显现的危害，以及适用的法规要求相一致。周期性的工艺危害分析至少 5 年应进行一次；对于危化品生产装置等高危害工艺的工艺危害分析，周期不宜超过 3 年；对于发生多次工艺安全事故、危害极大或多次发生重大技术变更的工艺装置，周期性工艺危害分析间隔也不得超过 3 年；对于发生严重工艺安全事故的工艺装置必须立即进行工艺危害分析，建立新的基准。周期性工艺危害分析可以采用有效性评估的形式来更新，并作为下一次周期性工艺危害分析的基准。

3）不定期工艺危害分析。当装置发生超出设计预定范围的物料组分变化、操作工况或控制方式调整，以及技改技措、改扩建时，也应进行至少涵盖变更内容的工艺危害分析(变更若会影响更大范围的工艺生产安全，也应纳入分析范围)，以辨识、评估和控制变更过程中的危害，保证变更过程和变更后的生产安全。不定期工艺危害分析的成果，应纳入下一次的基准工艺危害分析或周期性工艺危害分析。

（3）停用封存、拆除报废装置。

工艺装置在停用封存前应进行工艺危害分析，辨识、评估和控制封存过程中的危害，保证停用封存装置封存过程和封存后的安全。

工艺装置在拆除报废前应进行工艺危害分析，辨识、评估和控制拆除过程中的危害，保证装置拆除过程及拆除后的安全，同时降低环境影响。

(4)研究和技术开发装置。

涉及新技术、新工艺、新材料、新产品的研究或开发方案在实施前应进行工艺危害分析，辨识、评估及控制研究和技术开发过程中的危害，保证其过程的健康、安全、环保。

2.1.2.3　工艺危害分析实施要点

1. 计划与准备

(1)组建工艺危害分析工作组。

根据分析对象所需的专业技能来选择工作组成员，工作组成员应具备以下技能：

1)了解工艺、设备的设计依据以及与其操作有关的基础科学和技术。

工艺设计依据包括工艺流程图、工艺管道及仪表流程图、工艺化学原理、物料和能量平衡图、每道工序的工艺参数、每个参数的限值(标准运行条件、极限运行条件和优选值)以及超出限值的后果(超出标准运行条件、极限运行条件的后果)。

设备设计依据是指设备设计所依据的假设条件和逻辑——包括设备参数、规格、能力计算书、工程图、厂商的蓝图以及设备布置图、工艺管道及仪表流程图、爆炸危险区域划分图等。

2)生产系统的实际操作经验或检维修经验。

3)接受过选择和使用工艺危害分析方法的资格培训，并有一定的经验。

4)为完成分析所需的其他相关知识或专业技术(如机械完整性、仪表自控等)。

工艺危害分析工作组实际参加的人数可以根据工艺危害分析的需要和目的来确定。工作组成员确定后，各自的职责、任务和目标也应明确。

(2)分析前准备工作。

1)工作组成员的培训。工艺危害分析工作组组长在选择和应用工艺危害分析方法方面必须经过资格培训，并有参加工艺危害分析的经验；工作组成员必须接受有关工艺危害分析步骤以及所要用到的工艺危害分析方法的培训。

2)工作组的准备。工作组应制订工艺危害分析的工作计划，包括工作组成员任务、完成计划的总体时间表、资源需求等。

3)工艺危害分析资料准备。

①设计阶段(新建)：项目设计说明书、工艺流程图、工艺管道及仪表流程

图、仪表设计说明书及仪表联锁因果逻辑图、物料安全技术说明书及组分分析化验报告、工艺/设备/管道/仪表等数据表、安全附件资料及安全设施分布图、非标设备设计简图、厂区及装置平面布置图、爆炸危险区域划分图、上下游装置边界条件(物料及工况)等。

②设计阶段(改扩建)：装置原有部分工艺技术规程、装置原有部分工艺流程图/工艺管道及仪表流程图/仪表联锁因果逻辑图、装置原有部分安全技术规程、装置操作及维修指南/规程、历次重大技术变更或技改技措资料、装置标定报告及检维修记录、上年度技术生产年报/本年度生产技术月报、历次事故记录及调查报告、特种设备检验报告等。

③生产运行阶段(在役、停用封存/拆除报废装置)：各专业设计基础资料、上一次的基准或周期性工艺危害分析、历次重大技术变更或技改技措、改扩建资料、检维修记录、历次事故记录及调查报告、现行操作规程和规章制度等。

4)现场勘查。对于改扩建装置、在役装置或停用封存/拆除报废装置可开展现场勘查，以现场确认分析对象的范围，查看厂区及装置布局情况，查看现场工艺流程及其与工艺危害分析资料(如工艺流程图、工艺管道及仪表流程图)的吻合度，查看现场动静设备、安全附件、消防职防气防等设备设施的安全状况及其与工艺危害分析资料的吻合度等。

2. 工艺危害分析方法的选择

工艺危害分析有很多种方法，每种方法各有特点。有的系统化程度较高，如危险与可操作性分析(HAZOP)、故障树分析(FTA)等。有的系统化程度较低，如故障假设/安全检查表法(What...If/Checklist)。HAZOP适用于对工艺流程的分析，而故障模式及影响分析(FMEA)适用于对大型动设备和机组的分析。没有一种是对的或不对的，只有最适合的。工艺危害分析工作组应根据项目全生命周期的不同阶段、分析对象的性质、危险性的大小、复杂程度和所能获得的资料数据情况等，集思广益，选用合适的工艺危害分析方法。例如HAZOP，因为需要详尽的工艺流程图和工艺管道及仪表流程图以及设计说明书后才能深入应用并发挥价值，所以一般在项目基础设计或初步设计完成后应用，项目建议书和可行性研究阶段并不适应。

危化品行业常用工艺危害分析方法包括：What...If/Checklist、HAZOP、FMEA、FTA、人为因素分析等。各种方法的简略介绍、适用范围及优缺点见表2-2，危化品生产和储存装置全生命周期各个阶段适用方法的匹配选择建议见表2-3。

表2-2 常用工艺危害分析方法简介、适用范围及优缺点

方法名称	方法简介	适用范围	优缺点
What...If/Checklist	通过专家组头脑风暴法或者按照要求事先编制好的检查表，逐项梳理或检查，进而发现问题	可用于各种类型的工艺过程或者是项目发展的各个阶段，具有很强的通用性，但是属于一种粗略的在较大层面上的分析	简单易掌握，编制检查表难度和工作量较大
HAZOP	一种用于辨识设计缺陷、工艺过程危害及操作性问题的结构化分析方法	初设阶段后的流程性工艺生产装置和相对复杂、精准度要求较高的操作程序	要求多专业人员配合，专业性较强，否则易流于形式
FMEA	一种归纳分析方法，用于系统安全性和可靠性的分析	多用于动设备的分析，可与以可靠性为中心的维修(RCM)配套应用	专业性很强，对执行人专业能力要求高
FTA	一种从结果到原因找出与事故(故障)发生有关的各种因素之间因果关系和逻辑关系的系统分析方法	工艺、设备等复杂系统分析，主要风险的深入分析	演绎方法，简洁、形象直观，但工作量大、人员能力要求高，若编制有误，易失真
人为因素分析	主要关心人员与其工作环境中设备、系统、信息之间的相互关系，包括身体和认知两个方面，重点是辨识和避免人为失误可能导致的情况	复杂生产系统在运行控制阶段的人为因素影响	人为因素检查表的编制和运用对执行人的经验能力都有较高要求

表2-3 装置全生命周期各个阶段适用方法的匹配选择建议

方法名称 \ 项目阶段	项目建议书	可行性研究	基础/初步设计	详细设计	建造/安装	试运行	正式运行	事故	封存/拆除
What...If/Checklist	▲	▲	▲	△	▲	▲	▲	△	▲
HAZOP		▲	△	▲		△	▲		△
FMEA				△	▲	▲	▲	△	
FTA						△	△	▲	
人为因素分析				△		▲	▲		

注：▲——推荐选择；△——可考虑选择。

各种常用方法的简要介绍如下：

(1)故障假设/安全检查表法(What...If/Checklist)分析。

故障假设分析(What...If)，也称如果……怎么办，是对工艺过程或操作的创造性分析方法。分析人员在分析会上围绕预先确定的分析对象对工艺过程或操作进行分析。

故障假设分析通常对工艺过程进行审查，从进料开始沿着流程直到工艺过程结束(或者确定的分析范围)。故障假设分析结果将找出暗含在分析组所提出的问题和争论中的可能事故情况。这些问题和争论常常指出故障发生的原因。然后分析组在分析现有安全保护措施的充分性后提出建议，如安装紧急停车系统或对送入反应器的原料采取特殊的预防措施。问题和对问题的回答，包括危险、后果、已有安全保护、重要项目的可能解决方法都要记录下来。

What...If/Checklist 是将故障假设分析与安全检查表分析两种分析方法组合在一起的分析方法。组合的目的是发挥两种分析方法各自的优点(故障假设分析的创造性和基于经验的安全检查表分析的完整性)。分析组用故障假设分析方法确定过程可能发生的各种事故类型，然后分析组用一份或多份安全检查表帮助补充可能的疏漏，此时所用的安全检查表与通常的安全检查表略有不同，它不再着重于设计或操作特点，而着重在危险和事故产生的原因。这些安全检查表启发对与工艺过程有关的危险类型和原因的思考。

What...If/Checklist 分析按以下 5 个步骤进行：①分析准备；②构建一系列的故障假定问题和项目；③使用安全检查表进行补充；④分析每一个问题和项目；⑤编制分析报告，内容包括故障情况、后果、已有安全保护措施、提高安全性的建议等，通常以表格的形式出现(见表 2-4)。当同时使用安全检查表建立故障假设问题和项目时，②和③就合为一个步骤。

表2-4　故障假设/安全检查表法分析(示例)

工艺/操作步骤	检查内容	后果	风险分析			现有措施	建议措施
			后果等级	发生概率	风险等级		
停车与隔离	1. 有停车操作程序吗？						
	2. 有拆除程序吗？经过技术审查了吗？						
	3. 是否切断了与公用系统的连接？有恰当的操作程序吗？断开是永久性的吗？这种断开对其他工段有影响吗？						
	4. ……						

续表

工艺/操作步骤	检查内容	后果	风险分析			现有措施	建议措施
			后果等级	发生概率	风险等级		
排污	1. 有工艺物料从设备排出的操作程序吗?						
	2. ……						
……							

What...If/Checklist 分析方法可用于各种类型的工艺过程或者是项目发展的各个阶段。一般用于分析主要的事故情况及其可能后果，是一种粗略的在较大层面上的分析。

大多数情况下，在使用 What...If/Checklist 分析方法时，要求评价人员熟悉工艺设计、操作、维护，如果分析人员富有经验，则它是一种强有力的分析方法；反之，其结果是不完整的。对一个相对简单的系统，故障假设分析只需要一个或两个分析人员就能进行；对复杂的系统，则需要组织较大规模的分析组，需要较长时间或多次会议才能完成。

(2)危险与可操作性分析(HAZOP)。

HAZOP 是一种用于辨识设计缺陷、工艺过程危害及操作性问题的结构化分析方法，是危化品行业流程性工艺生产装置开展工艺危害分析最常用，也是最有效的方法之一，同时还可以说是国际上工艺过程危害分析中应用最广泛的技术。方法的本质就是通过系列的会议对工艺图纸和操作规程进行分析。在这个过程中，由各专业人员组成的分析组按规定的方式系统地研究每一个工艺单元(分析节点)或操作步骤，识别出那些具有潜在危险的偏差，并分析它们产生的可能原因、可能导致的后果和已有安全保护措施等，同时提出应该采取的安全保护措施。

HAZOP 研究的侧重点是工艺部分或操作步骤的各种具体值，其基本过程就是以引导词为引导，对过程中工艺状态(参数)可能出现的变化(偏差)加以分析，找出其可能导致的危害，确定已有的安全保护措施，并在风险评价后根据风险等级或投入产出费效比、法规标准要求给出补充建议措施，最终形成 HAZOP 分析报告。

HAZOP 的工作流程和基于引导词法的 HAZOP 流程分别如图 2-5 和图 2-6 所示。

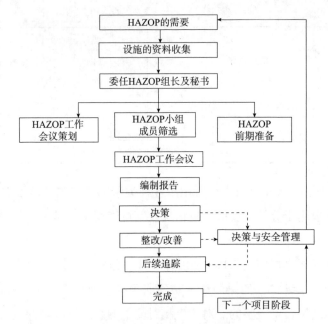

图2-5 HAZOP 的工作流程

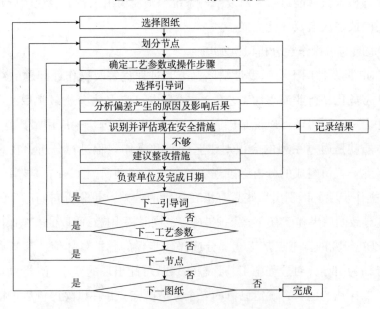

图2-6 基于引导词法的 HAZOP 流程

　　基于引导词法的 HAZOP 适用于项目初步设计及其以后阶段的工艺过程危害分析，也适用于对新技术、新工艺的过程进行危害分析。在项目初步设计阶段采用 HAZOP 费效比是最高的，因为可以防患于未然，尽可能将问题消灭在项目实施早期，从源头预防工艺安全事故的发生并使代价最小化。

除了为识别、评估、控制工艺及操作过程中的危害因素提供系统、科学的方法和手段之外，HAZOP 还可以为操作规程、应急预案的制修订提供重要参考，为工艺设备变更管理和技改技措等的实施提供前瞻性的风险分析。

当然，面对工艺过程危害及操作性问题的分析，HAZOP 并非全能，它也有应用的局限性，主要表现在：

1）对象主要是工艺流程或操作步骤的各种具体值（多数是宏观可监测的）；侧重点在于各种具体值的变化（偏差）可能导致的危害后果，因此并不能保证能识别出所有的危险或可操作性问题。

2）通常是分割、单独地考虑系统的各个部分，分析偏差对各部分的影响，而难以透彻分析可能会涉及系统内多个部分之间相互作用的严重危害。

3）对于高度关联的系统，某个系统产生偏差的原因可能源于其他系统。因此，在确定采取局部风险减缓措施之前须仔细斟酌，防止"按下葫芦浮起瓢"的连锁效应情况发生。

4）HAZOP 属于定性的分析方法，对于后果严重的事故场景，缺乏足够的可量化的决策依据。

5）分析团队的能力、经验和合作非常重要。一个相对复杂的危化品生产装置的 HAZOP 小组中，除了 HAZOP 主席/组长，至少还需要较好的能力和经验的工艺、动/静设备、仪表、公用工程、HSE 等专业技术人员的支持和密切协作，通常需要 5~7 人团队的配合。除此之外，还应得到设计方和用户的支持。否则，质量难以保证，分析可能流于形式。

特别需要注意的是，HAZOP 的主要目的是发现危险或问题，而不是解决危险或问题。解决危险或问题的最终方案应由专业技术团队和相关方在综合权衡资源需求和配置条件后给出。

（3）故障模式及影响分析（FMEA）。

FMEA 是一种归纳分析方法，用于系统安全性和可靠性的分析。通过分析，充分考虑并提出所有可能发生的故障，包括故障的类型和严重程度，判明其对系统的影响和发生的概率等，为有效管理系统、分析故障/调查事故、制订整改或预防计划提供依据，同时降低成本。

FMEA 采用系统分割的方法，根据需要把系统分割成子系统或进一步分割成元件。首先逐个分析元件可能发生的故障和故障类型，进而分析故障对子系统乃至整个系统的影响，最后采取措施加以解决(见表 2-5)。

表 2-5　典型故障类型及影响分析

系统：压缩机组		故障类型及影响分析					项目编号：			
子系统：定子系统							日期：			
元件：径向轴承							制表：			
分析项目	功能	故障类型	推断原因	影响			故障检测方法	现有控制措施	故障等级	建议措施
				元件	子系统	系统				
径向轴承	支撑转子系统	径向轴承巴氏合金磨损、龟裂、烧损或者脱落	1) 润滑油供应不足，油质劣化；2) 瓦背紧力不足，与轴承座接触不良；3) 轴承间隙超差，接触不良；4) 轴承基体与巴氏合金结合质量差	1) 径向轴承温度升高；2) 径向轴承振动加剧，严重时轴颈表面磨损、出现裂纹，转子弯曲	转子振动异常	压缩机振动加剧	1) 驱动端轴承与非驱动端轴承温度高报警；2) 测量径向轴承间隙；3) 目视检查；4) 着色探伤	1) 润滑油压力低报警、低低报警联锁停机；2) 润滑油每季度采样检测；3) 测量瓦背紧力，检查与轴承座的接触情况；4) 测量轴承间隙，检查轴瓦与轴颈的接触情况；5) 使用木棒敲击检查轴承基体与巴氏合金结合质量；6) 压缩机振动高报警、高高报警联锁停机	II	
……										

FMEA 既适用于设计阶段的新系统，也适用于生产运行阶段的在役系统，同时还是进行事故分析/事故调查的有效方法。

实施 FMEA 的分析组应包括具有丰富组织经验及行业、专业知识背景的主席/组长，以及丰富设计和操作维护经验的工艺、设备、仪表和电气、安全及可靠性方面的工程师。

(4)故障树分析(FTA)。

FTA 是系统安全分析方法中得到广泛应用的一种图形演绎分析方法，是一种从结果到原因找出与事故(故障)发生有关各种因素之间因果关系和逻辑关系的系统分析方法，也称为事故树分析法。它是从要分析的特定事故或故障开始(顶上事件)，层层分析其发生的原因，直到找出事故的基本原因，即事故树的底事件为止。分析过程中，可以继续往下分析的事件称为中间事件，底事件称为基本事件。基本事件的数据是已知的或者已经有过统计或实验结果的人、物、环境方面的因素，如工艺生产系统的故障、失效，操作员工的误判断、误操作或错误操作，以及不良作业场所的影响等。事故树分析过程中，各种关系的事件用不同的逻辑门符号连接起来，最后得到的分析图形就像一棵倒置的树，故称为事故树(故障树)。

FTA 一般可分为以下几个阶段：①根据事故的性质和发生的经过合理确定顶上事件，明确顶上事件的边界、分析深度、初始条件、前提条件和不考虑条件；②围绕所需分析的顶上事件收集相关资料和证据；③编制事故树(FTA 分析的核心部分)。依据已收集资料和证据，从顶上事件开始，一级一级往下分析，直至最基本的原因事件为止，然后按照各事件之间的逻辑关系，编制事故树；④简化事故树；⑤定性、定量分析。生产企业中，考虑到第④、⑤步的复杂性及难度，以及背后工艺设备故障概率数据和计算软件的缺失，FTA 能够高质量地完成前③步，对于厘清装置生产过程中的危害因素及指导装置的工艺安全管理就已经很具实用价值了。FTA 的树状图示意如图 2 - 7 所示。

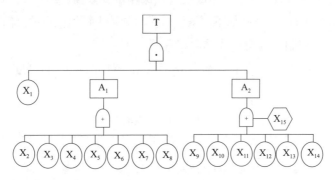

图 2 - 7　FTA 示意

注：T—顶上事件；A—中间事件；X_n—基本事件。

FTA 适用于工艺、设备等复杂生产系统的分析，以及主要风险的深入分析。

例如 HAZOP 分析，就是用以确定故障树"顶上事件"的一种方法——利用故障树对主要危害(通常是可导致严重后果的潜在危害)进行继续分析。

需要注意的是，分析编制高质量的故障树难度不小，建树过程复杂，需要经验丰富的专业技术工程师参加，即使这样，也难免发生遗漏和错误；另外，对于每一个"顶上事件"，最后分析得到的故障树，受多种因素影响，若需进行定性、定量分析，如果资料和证据的收集与分析不够全面精准，数学建模时将会产生较大误差；再者，FTA 虽然也应该考虑人的因素，但人的误判断、误操作或错误操作其实很难量化。

(5)人为因素分析。

工艺危害分析过程中必须对人为因素进行分析。人为因素分析包括人员及其工作环境如何相互作用的所有方面，也包括日常和应急情况。在工艺危害分析的内容中，人为因素主要关心人员与其工作环境中的设备、系统、信息之间的相互关系。工艺危害分析处理这些相互作用中身体方面的关系(与工作场所、设备设计和布置有关的人员体形和体力限制条件)和认知方面的关系(在接受信息、处理信息和对信息采取行动时人的智能条件)。在工艺危害分析过程中重点是辨识和避免人为失误可能导致的情况。

潜在人为失误的情况可能涉及以下一种或多种因素：

1)有缺陷的管理体系。

2)完整性和质量存疑的操作和检维修程序。

3)培训不足导致的能岗不匹配及外在表现。

4)不合理的任务设计(如工作量过大或操作难度极高)。

5)人机工程设计不合理(如不可操作，或易导致人员误操作的阀门、仪表等)。

6)不合理的控制系统设计或界面布置等。

此外，可以运用人为因素检查表或者使用"What...If/Checklist"作为人为因素分析的方法(见表 2-6)。

表 2-6　人为因素检查表(示例)

序号	内容	问　　题
1	管理体系	是否对工艺安全管理的各种要素进行过审查？管理层对给出的建议的反应如何？
		员工是否对安全规程制度和操作、检维修规程的执行负有责任？员工是否充分了解安全的重要性和违反程序的纪律处分？
		....

续表

序号	内容	问　　题
2	操作、检维修规程	相关操作的操作规程是否存在，例如开车、停车、闲置、正常运行和紧急情况等？
		装置或设施是否确定了主要的紧急情形？是否有相应的操作规程用于这些紧急情况的控制？员工是否能够方便地获取并理解和使用这些操作规程？
		……
3	培训	人员是否根据岗位所需的技能进行培训和工作分配？
		岗位员工的培训需求（或应掌握技能）是否准确地反映了包括例行的和非例行的操作要求？
		……
4	任务设计	操作员的工作描述是否清晰明确（如是否存在责任的交叠或间隙，由于相关责任的模糊不清而出现重要任务被遗漏的可能性）？
		手工操作的配料工作（如给一个反应器加料）是否设计有方法避免加料数量错误或多次重复加料？
		……
5	人体工程学	关键性的设备控制部件（如停车开关、紧急切断阀门等）是否设置在发生紧急情况时能够顺利触到的地方？
		是否有任何操作需要长时间穿戴过量的或繁重的个人保护装备，造成身体上的束缚或精神无法集中，以至于妨碍操作员在适当的时间内安全地完成一项操作？
		……
6	控制系统	用手动控制取代自动控制的判断指南是否清晰和明确？系统能被设置为自动或手动控制模式的条件是否被使用者所理解？
		当选择警报设置时，是否考虑了反应时间（仪表/DCS系统的延迟时间和人的反应时间）？
		……

在役装置的人为因素分析主要包括以下三个阶段。

（1）现场察看。

现场察看应观察那些有人机界面的地方，以及突出那些对工艺安全来说重要的地方，可重点关注中控室的环境（如照明、通信能力、噪声、布局）及有人机界面的地方（如关键信息的显示、联锁按钮的位置和标识、仪表标识、警报排列和其他控制项等）。另外一个关键关注点是意外事件（如有毒烟雾释放）发生时，保证操作者执行其任务的防护系统或个人防护装备是否完备，以及个人防护装备是否容易获取。

（2）危害分析。

工作组应辨识以人为因素为事故起因的潜在事故、事件。在极度依赖人员操作的工艺中，对操作程序进行分析，分析人员得到的指示是否明确，重点应放在辨识可能出现人为失误的情况上。

（3）防护措施分析。

工作组在分析防护措施时，应考虑人为因素。当防护措施需要人员的干预才能发挥作用时，应考虑人员是否有能力顺利完成所要求的规定动作，以及其他可能妨碍人员完成动作的因素。

3. 风险评价方法的选择

工艺危害分析工作组应对辨识出的危害因素进行风险评价。风险评价是指采用定性或定量的方法分析特定危害事件发生的可能性和后果的严重性，评估风险的大小，确定风险的等级及其是否在可容忍的范围内，是否需要提出改进建议。

下面简要介绍两种常用的风险评价方法——LEC 法和风险矩阵法（Risk Matrix，RM）。

（1）LEC 法。

LEC 法是对具有潜在风险的作业环境中的危害因素进行半定量风险评价的简明方法。评价针对的是危险环境中的作业人员。该方法采用三个方面的指标值之积来评价系统中人员伤亡的风险大小。这三个方面分别是：

L——事故或危险事件发生的可能性；

E——人体暴露于危险环境的频率；

C——事故或危险事件造成的可能后果。

L、E、C 三个方面的不同等级取值标准可参照表 2-7。

表 2-7　取值标准

事故发生的可能性（L）		人体暴露于危险环境的频率（E）		事故造成的可能后果（C）		
分数值	取值标准描述	分数值	取值标准描述	分数值	取值标准描述	
					人员伤亡	财产损失/万元
10	完全可以预料，或者1次/月	10	连续暴露	100	大灾难，死亡人数 ≥10	≥1000

事故发生的可能性(L)		人体暴露于危险环境的频率(E)		事故造成的可能后果(C)		
分数值	取值标准描述	分数值	取值标准描述	分数值	取值标准描述	
					人员伤亡	财产损失
6	相当可能，或1次/季	6	每天工作时间内暴露	40	灾难，死亡3~9人	>100万元
3	可能，但不经常，或者1次/年	3	每周1次，或偶然暴露	15	非常严重，死亡1~2人	>10万元
1	可能性小，完全意外，或1次/3年	2	每月1次暴露	7	严重，躯干致残（损工事件）	设备停止运行且损失>1万元
0.5	很不可能，但可以设想，或者1次/10年	1	每年几次暴露	3	较大，手足伤残（限工事件）	设备停止运行但损失≤1万元
0.2	极不可能，或者1次/20年（装置生命周期内）	0.5	非常罕见的暴露	1	微小，轻微伤（急救箱事件）	设备故障
0.1	实际上不可能，或者1次/超过20年					

风险值(D) $= L \times E \times C$。

风险值越大，说明该系统风险大，需要增加安全措施，改变事故发生的可能性；或减少人体暴露于危险环境中的频率；或采取措施降低事故后果严重度/减小事故影响范围。具体的风险等级划分标准参考表2-8。

表2-8 风险等级划分

风险值(D)	危险程度
≥320	极其危险，停产整改
160~319	高度危险，立即整改
70~159	显著危险，及时整改
20~69	一般危险，可以容忍，但需要注意
<20	稍有危险，可以接受

运用LEC法对危害因素进行风险评价时，必须要与具有实践经验的技术人

员和操作员工相结合，以实事求是地进行赋分评级。相对而言，LEC 法简单易操作，目前被很多企业所采用。但在实际应用中有以下三点需要注意：

1）LEC 法中的"E"是指人体暴露于危险环境的频率，因此，此方法针对的是危险环境中作业人员的风险评价，现在很多企业不加区别地对所有危险源及危害因素都采用这一办法，是不妥的。

2）L、E、C 的取值，因为每个人的认知、经验和阅历不同，评价时往往因人而异，结果差异较大，有时准确性不够。

3）需要特别注意的是，LEC 法只是一种风险评价方法，而不是危险源辨识或危害因素识别的方法。

（2）风险矩阵法（RM）。

RM 适用于评价潜在危害事件/事故的风险。分析者首先应确定危害事件的后果严重度等级（纵坐标），然后再评价危害事件的发生概率等级（横坐标），综合后果严重度等级和发生概率等级确定其风险等级。RM 属于半定量的风险评价方法。

危化品行业可参考下述后果严重度等级分类（见表 2 - 9）和事故发生概率等级分类（见表 2 - 10）进行风险等级划分（见图 2 - 8）。其中，后果只考虑人员（职工、公众）伤害、环境破坏、经济（财产、生产）损失、声誉损失四个方面；概率是考虑了控制和保护措施后的事故概率。

表 2 - 9　后果严重度等级分类

等级	后果严重度	说　明
1	微后果	职员——无伤害或很小伤害，无健康影响，无时间损失
		公众——无任何影响
		环境——事件影响未超出界区，泄漏或排放的量未超过事故上报要求的下限，全部或大部分泄漏液体均被回收
		经济——最小的设备损失；建（构）筑物没有受损，或有轻微受损但完全不影响其功能作用；估计损失（财产损失 + 生产损失，下同）低于 1 万元
		声誉——事件仅仅可能成为企业内部的学习资料，不至于在企业外被传播
2	低后果	职员——导致急救箱事件（First Aid Case，FAC）[①]；医疗事件（Medical Treatment Case，MTC）[②]；限工事件（Restricted Work Case，RWC）[③]
		公众——有轻微影响，但无伤害危险和健康影响

等级	后果严重度	说　明
2	低后果	环境——事件影响超出界区，但尚未超出环境允许条件，事件不会受到管理部门的通告。泄漏或排放量超过了事故上报要求的下限，但全部或大部分的泄漏液体均被围堵收集；不寻常的噪声或散出的气味可能引起附近居民的投诉；短时间的火炬排放
		设备——较小的设备损害；建(构)筑物受损，功能作用部分受到影响，但稍加修复后就能再使用，对在里面作业的人没有危险；估计损失不小于 1 万元但小于 10 万元
		声誉——可能出现企业内外部的小规模传播，但一般不会导致媒体介入，也不需要上报当地政府
3	中后果	职员——导致损工事件(Lose Work Case，LWC)[④]；中等程度但可恢复的健康影响
		公众——有轻微的伤害或可恢复的健康影响。一次轻伤 1~2 人；因气味或噪声等引起公众的普遍抱怨
		环境——事件影响超出界区，且超出环境允许条件，可能受到管理部门的通告。附近居民区出现持续超过 1 天的难闻气味、灰尘、烟雾等；相当数量的泄漏液体排放入水体或土壤中，但影响仅限于本地区，且未造成河流的污染(以当地的环保要求为准)；一次泄漏危化品在 20t 以下(含 20t)
		设备——有些设备受到损害；建(构)筑物受伤，主要功能还能实现，但需要进行较大的修复才能再使用，对在里面作业的人有一定的伤害危险；估计损失不小于 10 万元但小于 100 万元
		声誉——需要上报当地政府，当地媒体可能会有报道
4	高后果	职员——1 人以上严重受伤；3 人以上轻伤；严重且不可逆的健康影响
		公众——导致一次重伤 1~2 人；一次轻伤 3~10 人；中等程度的健康影响，且可能是不可逆的；伤害和损失的法律责任 50 万~100 万元
		环境——重大泄漏，给工作场所以外带来严重环境影响，且可能导致潜在的健康危害。泄漏物质或事故产生的火灾、爆炸和烟雾影响厂外区域；在厂区外能感到爆炸冲击波、大量的灰尘、烟雾及散落物；急性空气污染；大量泄漏的液体排放入水体或土壤中，虽然并没有严重的影响，但超出了当地法规许可要求，可能造成河流被污染；一次泄漏油品或危化品 20~100t(含 100t)
		设备——生产过程设备受到损害；建(构)筑物丧失完整性，对在里面作业的人可能造成严重的伤害，对其中部分人可能造成致命的伤害；估计损失不小于 100 万元但小于 1000 万元
		声誉——需要上报当地政府，且会导致当地政府的处罚，引起全国性媒体的报道

等级	后果严重度	说　明
5	很高后果	职员——1 人以上死亡或永久性失去劳动能力；3 人以上重伤
		公众——导致 1 人以上死亡；3 人以上重伤；11 人以上轻伤；严重且不可逆的健康影响；伤害和损失的法律责任超过 100 万元
		环境——重大泄漏，给工作场所以外带来严重环境影响，且会导致直接或潜在的健康危害。事故导致大量的有毒有害物质泄漏，需要进行大规模的厂区外疏散；泄漏的有毒有害物质会对生态系统(动植物)产生严重伤害或导致重大环境污染事件发生，需要很大努力才能恢复；永久性的/持续性的土壤和水体污染；一次泄漏油品或危化品 100t 以上
		设备——生产设备受损严重或全部受到损害；建(构)筑物被摧毁，里面的人会受到致命伤害；估计损失不小于 1000 万元
		声誉——将导致政府的大额罚款和民事甚至刑事诉讼，可能成为全国"头条新闻"和国际性媒体的重要新闻，引起公众的极大关注甚至抗议；事件震惊国家、损害国家品牌，可能长期影响国家立法

①系指人员受到轻微伤害，在现场接受简单医疗处理后又马上回到原工作岗位的事件。

②系指人员受到伤害，经过专业医疗处理后还能回到原工作岗位的事件。事件不会影响下一工作日的工作。

③系指人员受到伤害后，导致下一工作日不能继续从事原岗位的工作，或只能从事原岗位部分工作的事件。事件导致的误工不超过一个工作日。

④系指人员受到伤害，导致下一工作日无法工作的情况(下一工作日适逢周末、节假日或计划性休假时，应按休假后的第一个工作日能否正常工作为准)。

表 2-10　事故发生概率等级分类

等级	发生概率	说　明
1	微小概率	诱导因素——多种反常因素存在时将导致事故
		防护层①——两道或两道以上的被动防护系统，相互独立，可靠性高
		检测②——有完善的书面检测程序，定期进行全面的功能检查，效果好、故障少
		以往事故原因分析——未曾发生过事故，而且同类装置的事故经验能被很好地学习和借鉴
		运行管理——流程很少出现异常情况，即使出现也总能及时有效地处理
		培训和规程——有全面、清晰、明确的操作指南和高质量的工艺安全分析。员工掌握潜在的危险源及其危害；错误被指出可立刻得到更正；定期进行有效的应急操作程序培训及演练，内容包括正常、异常操作和应急操作程序，而且包括所有可预见到的意外情况
		员工组成及工作状态——每个班组都有多名经验丰富的操作工；没有显著的过度工作情况和厌倦感，理想的压力水平；所有人都符合资格要求；员工爱岗敬业，掌握并重视危险源

等级	发生概率	说　　明
2	低概率	诱导因素——多种罕见因素存在时将导致事故
		防护层——两道或两道以上的防护系统，其中至少有一道是被动和可靠的
		检测——定期检测，功能检查可能不完全，偶尔会出现问题
		以往事故原因分析——曾经发生过未遂或轻微事故，都及时采取了整改行动
		运行管理——偶尔会出现流程异常情况，但大部分异常情况的原因都被弄清楚了，处理措施有效
		培训和规程——关键的操作有清晰、明确的指南，但其他的非关键操作指南则有些非致命的错误或缺陷；关键流程进行了有效的工艺安全分析；员工了解潜在的危险源及其危害；例行进行培训、开展检查和安全评审；定期进行应急操作程序培训及演练
		员工组成及工作状态——有少数新员工，但每个班组内新员工的数量不会超过一半；偶尔和短时间的疲劳，有一些厌倦感；员工知道自己有资格做什么和自己能力不足的地方；对危险源有足够认识
3	中概率	诱导因素——某些因素存在时可能发生事故
		防护层——两道复杂的主动防护系统，都有一定的可靠性，但可能有共因失效的弱点
		检测——不经常检测，功能检查也不完全，历史上曾不止一次地出现问题
		以往事故原因分析——没有发生过重大事故，近期有几次未遂和轻微事故，但未充分找出原因
		运行管理——曾经持续出现过小的流程异常情况，对其原因没有完全搞清楚或没有进行处理，但较严重的流程异常被标记出来并能最终得到解决
		培训和规程——有操作指南，但没有及时更新或进行定期评审；工艺安全分析不够深入；例行进行培训、开展检查和安全评审，但有些流于形式；应急操作程序培训及演练只是不定期地进行
		员工组成及工作状态——可能一个班组多数都是新员工，但不是每个班组都是这样；有时出现短时期的班组群体疲劳，较强的厌倦感；员工不会主动思考，完全听从于命令；不是每个人都充分了解危险源
4	高概率	诱导因素——不能肯定，但某一因素存在时可以导致事故
		防护层——只有一道复杂的主动防护系统，有一定的可靠性
		检测——检测工作没有明确规定，只有在出现问题时才进行局部检测，而且历史上经常出问题

等级	发生概率	说　明
4	高概率	以往事故原因分析——发生过一次重大事故，事故原因没有完全掌握，采取了一些整改行动，但整改行动是否合适存有疑问
		运行管理——经常性地出现流程异常，其中部分较为严重，而且员工对产生原因不甚清楚
		培训和规程——有操作指南，但不够具体，过多依靠口头指示，可操作性差；工艺安全分析处于初期和探索阶段；岗前培训和操作培训都不系统；无应急操作程序培训及演练
		员工组成及工作状态——可能一个班组全是新员工，但不是每个班组都是这样，而且这种情况也不会经常发生；季节性的群体加班和普遍疲劳；员工有怠工现象，有时可能自以为是；大部分人对危险源只有肤浅的认识
5	很高概率	诱导因素——事故几乎不可避免地会发生
		防护层——没有防护系统，或只有一道复杂的主动防护系统且可靠性较差
		检测——未进行过检测，对出现的问题也没有进行正确处理
		以往事故原因分析——发生过很多次事故和未遂事件，且不清楚事故原因
		运行管理——经常性地出现较严重的流程异常，其中有些很严重，而且员工对产生原因不清楚
		培训和规程——无操作规程，操作仅凭口头指示；无工艺安全分析；无培训或培训仅为口头传授
		员工组成及工作状态——员工周转快，经常发生一个或一个以上班组全为无经验人员这种情况；过度的加班，疲劳情况普遍；士气低迷；工作由技术不达标的人员完成；没有明确的工作范围限制，对危险源没有多少认识

①包含被动、主动防护系统。被动防护系统：指不需要人的介入或动力源的防护系统；主动防护系统：指仪表联锁系统或要求人介入的防护系统。

②系指针对基本过程控制系统、联锁自保系统、安全仪表系统、机械完整性和应急系统的检测。

图 2-8 所示是 5×5 的半定量风险矩阵，当然只要后果等级、概率等级和风险等级的划分界面定义清晰，并贴近工艺危害分析方法的风险评价需求及行业生产实际，也可以自行设计并采用 4×4、6×6 等矩阵，包括图中低、中、高、很高的区域范围。

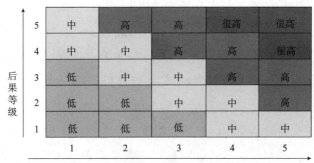

图2-8　半定量风险矩阵

注：低——不需要采取行动；中——可根据费效比选择性地采取行动；高——选择合适的时机（一般不超过1年）采取行动（技术、工程或管理上的风险控制措施，下同）将风险降低到"中"风险或以下；很高——立即（一般不超过6个月）采取行动将风险降低到"中"风险或以下。

4. 改进建议的提出和闭环管理

（1）建议的提出。

改进建议主要从技术、工程或管理三个方面提出。当然，应急方面的改进建议也可提出。另外，如有可能，应着重研究能提高工艺本质安全度的改进建议。再者，应根据风险评价结果、基于风险可容忍标准提出建议措施，而且建议应经工艺危害分析工作组充分讨论，每条建议都应有清晰的说明，内容包括风险的大小、与一个确定的危害事件的联系，以及需要增加这些预防/削减措施的理由。

（2）建议的落实、跟踪和闭环管理。

所有改进建议应形成一份清晰的、有详细说明的且可闭环管理的建议措施列表，并纳入工艺危害分析报告。建议涉及的相关方（如生产企业管理层或设计单位）应对建议措施给出明确答复，确定哪些建议措施被采纳或需修改后被采纳，被采纳的建议措施应签字确认并指派跟进工作的责任人、验收人，明确完成时间和所需资源；不被采纳的建议措施应说明拒绝的理由。未完成的建议措施应定期被跟踪，直至闭环消项。

2.1.2.4　工艺危害分析成果的应用

工艺危害分析成果（危害因素清单/风险分级管控清单、改进建议及工艺危害分析报告等）应与相关方充分沟通和培训，并应用于设计、运行、操作、管理的各个环节。例如：

1)初步设计阶段的工艺危害分析改进建议，应在后续设计版本或详细设计中尽快完成整改，以从源头上消除隐患，并使代价最小化、费效比最大化。

2)在役装置工艺危害分析及其重大技术变更或技改技措(含新技术、新工艺、新材料、新设备的研发与应用)工艺危害分析、周期性工艺危害分析等成果应运用于装置危害因素清单/风险分级管控清单的编制及使用过程中的动态调整，以及后续工艺安全管理活动中，包括根据改进建议对操作规程、检维修规程、应急预案等进行必要的修订完善；针对修订完善的规程或预案内容进行员工培训、考核和演练；开展装置隐患排查治理等。

2.1.3 操作规程(OP)

(1)概述。

《中华人民共和国安全生产法》(以下简称《安全生产法》)规定："生产经营单位的主要负责人要组织制定并实施本单位安全生产规章制度和操作规程""生产经营单位应当教育和督促从业人员严格执行本单位的安全生产规章制度和安全操作规程"。由此，不难看出操作规程在规范员工操作行为、确保生产安全方面的价值。指导性与规范性较强的操作规程虽然不能完全杜绝安全生产事故的发生，但可以很大程度上避免人的不安全行为所带来的潜在风险。

标准操作规程(Standard Operating Procedures，SOP)是工艺安全管理不可或缺的部分，一方面能规范岗位员工的日常操作，控制人机界面风险；另一方面有助于企业提高产品质量、减少不必要的非计划停车和一定程度上减少事故的发生，保障企业生产安全。

(2)管理流程。

标准操作规程管理流程如图2-9所示。

2.1.3.1 建立相关管理制度

企业应建立并实施《操作规程管理制度》，明确操作规程制修订、审查、使用及控制、持续改进等环节的管理要求，为工艺和设备操作提供指导。编制和审查、审批应根据风险分级管控原则，由不同专业(工艺、设备、仪电、安全等)和不同管理层级(专家、管理人员、专业工程师、基层操作员工等)的相关人员共同完成，以保障操作规程的完整性、准确性、有效性、合规性。

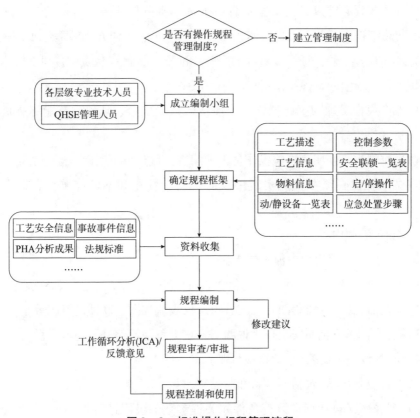

图2-9 标准操作规程管理流程

《操作规程管理制度》具体内容可包括"目的、适用范围(工艺、设备、人机界面等操作)、术语和定义、规范性引用文件、职责划分、内容及深度要求、管理要求(制修订、审查、使用及控制、持续改进)等"。

规范性引用文件除了法规标准外,还应包括必要的工艺安全信息和工艺危害分析成果。

企业应对生产系统的工艺、设备、人机界面等进行基于风险、操作复杂度和重要度的分类分级,并在分类分级的基础上明确操作规程的内容及深度要求、管理要求。

2.1.3.2 操作规程的制修订

基于工艺、设备、人机界面的分类分级和《操作规程管理制度》要求编制操作规程。操作规程须与生产实际和工艺安全信息保持一致。编制前应组织编制小组成员开展操作规程制修订方面的培训、统一认识。具体原则如下:

1)操作规程必须以工艺安全信息、工艺危害分析成果和行业生产实践为依据，不断总结操作经验，确保技术指标、技术要求、操作方法科学合理。

2)操作规程必须保证操作步骤的完整、准确、量化、易懂，有利于操作员工在实际操作过程中的掌握和使用。

3)操作规程必须与优化操作、提质增效以及安全、环保、节能等有机结合起来。

4)操作规程必须明确岗位操作员工的职责，做到分工明确、配合密切。

5)操作规程必须在生产实践中及时修订、补充和不断完善，定期审查和评审。

(1)确定编制内容。

操作规程的内容应包含但不限于：

1)工艺描述(简要说明生产工艺化学原理和各工艺工序、主要设备的功能等)。

2)工艺信息(工艺流程图、工艺管道及仪表流程图、联锁逻辑图等)。

3)物料信息(危化品安全技术说明书、重大危险源信息、物料平衡图等)。

4)动/静设备一览表(包括盲板台账)。

5)质量控制指标(包括原辅料和产品)。

6)控制参数(包括标准运行条件和关键参数的极限运行条件)，须明确指出超出规定安全运行极限的后果(安全、环境或工艺控制的相关影响)、可能原因、纠正和避免背离时应采取的行动，包括报警和联锁等。为方便操作员工的使用，应在操作规程中列出控制参数一览表。

7)安全联锁一览表(宜以表格形式列明传感器的数目、位置、报警和联锁设定值及其设定的目的、功能，如有必要，还应规定针对已启动的报警或联锁须采取的适当响应行动)。

8)压力释放装置(宜以表格形式列出安全阀及其他压力释放装置的数目、位置、规格、设定的压力参数等)。

9)开工方案。

10)投运(启动)前准备(宜以清晰且易于理解的格式列出各工艺工序投运和设备启动前须完成的准备工作，如盲板的抽堵、控制阀和手动阀的状态等)。

11)正常操作(按启、停步骤顺序描述，适当之处增加与员工安全、工艺控制及设备操作有关的特殊注意事项，概述实现精细调整与优化设备操作所需执行的工艺、设备调整）。

12）应急处理措施（包括水、电、汽、风中断的处置方法等）。

13）停工方案。

14）设备操作规程（包括正常启动、正常停机、检修后的启动、紧急停机及停机后的再启动等内容）。

15）HSE相关事项（包含危险物料及其安全技术说明书，对应的个人防护用品数量、位置列表；关键监检测点列表和防护系统概述；对生产安全有重大影响的物料储存量限值等）。

16）检查表（宜以附件形式列入所有用于保证各工艺工序及主要设备可安全、正确启停的检查表。有关检查表可与操作规程一同接受定期评审/维护，以确保两者一致）。

（2）成立编制小组、明确职责分工。

新装置、新工艺试生产前，应成立操作规程编制小组。编制小组宜包括管理、技术、操作三个层次的人员和工艺、设备、仪电、安全等专业人员。

应按照《操作规程管理制度》的要求明确编制范围、任务分工及编制要求等。编制过程中，应充分征求基础操作员工的意见。另外，为了提高规程的实用性及员工对规程的接受度，有必要强调内容的可读性，以及现场操作卡（如果有）应简明扼要。

（3）校对审核。

操作规程编制完毕后，经校对审核，报职能部门审查会签。校对审核重点关注操作规程的完整性、准确性和有效性。

2.1.3.3　操作规程的审查

为确保操作规程的完整性、准确性、有效性和合规性，需对操作规程进行审查。通常采用"职能部门审查会签、主管/分管领导审批"的分层级审查方式。

1）职能部门审查会签。职能部门审查会签应由不同部门、不同专业的相关人员组成审查小组，重点关注操作规程的有效性和合规性。

2）主管/分管领导审批。主管/分管领导在审批签发过程中应重点关注操作规程的合规性。

2.1.3.4　操作规程的控制和使用

操作规程的"编制、审查、分发、使用、废止"等管理环节需要处于受控状态。操作规程废止后，需盖"作废"章或予以销毁，并及时以新版本替代。严禁基层单位存在多个版本的操作规程。企业可以编制一个操作规程清单，其中包含操作规程的编号、名称、标题、所在的生产区域、版本号、批准日期（或生效日期）、下次审查日期等信息，便于掌握操作规程的当前状态，避免发生使用旧版本的现象。当某个操作规程废止后，不再将它对应的编号分配给新的操作规程，以保证编号的唯一性，避免混淆。

企业应确保操作员工能够便捷获取书面操作规程。现在企业多将操作规程保存在局域网上，操作员工可以方便地查阅，但应该提供方便的打印途径，以便操作员工随时可以打印工作所需的操作规程。操作规程发布后，职能部门需要通过课堂、实操等形式对员工进行培训考核。

正确使用操作规程有助于实现预期操作，减少非正常工况，使工艺系统在设计要求的状态下稳定运行。有效的操作规程有助于排除操作员工凭经验操作的不良习惯，还能针对可能存在的风险进行提示和预警，帮助操作员工了解面临的危害，采取正确的处理方式，减少人为因素所导致的事故。

2.1.3.5　操作规程的持续改进

装置投产后的使用寿命期内，不可避免地会出现工况变化、控制参数或控制方式的调整，以及工艺设备变更或技改技措、改扩建等情况，此时，操作规程将偏离生产实际情况，需要重新评估其适应性和可操作性，并因应修订完善。另外，由于操作规程的修订、人员或岗位职责的变动及调整等原因，部分员工的实际操作技能与操作规程的要求可能会发生偏离，需要通过实际操作，验证员工的操作技能与操作规程的符合情况，确保员工能有效执行操作规程。再者，当下企业生产实际中，操作规程本身的质量及员工对操作规程的执行都存在诸多问题。AQ/T 3034—2010《化工企业工艺安全管理实施导则》第4.3.2条规定：企业应每年确认操作规程的适应性和有效性。因此，企业需要采取必要的措施来解决上述问题、满足规范要求。工作循环分析（JCA）就是被广泛采用的、用以验证操作规程实用性和员工操作符合性的一种有效工具，同时，有效运用的JCA也是对员工持续实施培训和再培训的一种有效工具。

JCA又被称为工作循环检查（JCC），是以操作主管（基层单位站队长或班组长）和员工合作的方式对已经制定的操作程序和员工实际操作行为进行分析和评价的一种方法。

JCA 适用于高风险生产企业基层单位所有有必要编制作业程序的操作、施工和检维修等作业活动。JCA 具体实施流程如图 2–10 所示。

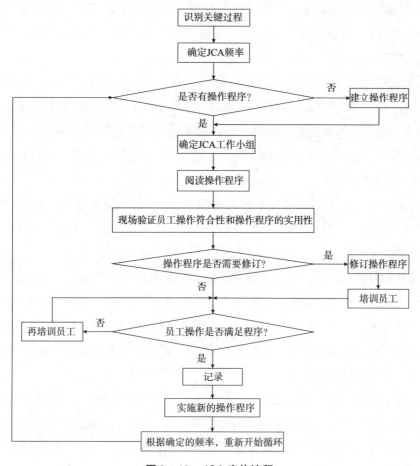

图 2–10 JCA 实施流程

有效运用 JCA，可以及时发现操作规程及执行过程存在的问题，完善操作规程，提高操作规程的可操作性；可以促进操作员工对操作规程的理解和掌握，改进操作行为，同时促进全员参与——推动员工参与操作规程的制修订，改善员工被动执行操作规程的局面，确保操作规程的有力执行，最终减少违章和事故。

2.1.4 工艺变更管理(PMOC)

(1)概述。

变更管理既是工艺安全管理中动态控制风险最重要的手段之一，也是法规标准的强制性要求。变更管理的实施明确向员工传递了一个理念，即所有违背原设计意图的改变都应重新评估风险。AQ/T 3012—2008《石油化工企业安全管理体系实施导则》第10章规定：变更按内容分为工艺技术变更（即"工艺变更"）、设备设施变更（即"设备变更"）和管理变更等。但本手册中基于以下几个原因暂不考虑管理变更：

1）关键岗位人员变更（如工艺/设备/仪表工程师、压缩机操作岗等）和承包商/供应商变更（如监造设备供应商、高纯度化学品供应商、生产运行长期服务商等）所带来的风险影响因子是相对静态、稳定的，对变更风险的控制可通过预设前置条件进行人员及商家的遴选、培训和能力评估来实现。实际变更过程中，除了预设前置条件的风险管控手段外，也并无其他简练好用的办法。再者，关键岗位人员变更和承包商/供应商变更的管理要求已纳入"人员管理"模块中的"能力评估与培训"与"承包商管理"要素，执行好这两个要素，就能有效管控这两类变更所带来的风险。

2）规程预案（如工艺/设备操作规程、安全技术规程、现场应急处置预案等）的变更很多情况下往往是工艺设备变更所带来的连带变更，本身就是对工艺设备变更提出的风险管控要求的响应。另外，因规程预案不适应生产实际需要而做的修订完善，在"操作规程"和"应急管理"两个要素中已有制度流程加以有效控制，因此也无须走变更管理程序。

3）本手册中只考虑与工艺生产安全紧密且直接相关的变更，变更管理的范畴不宜无限扩大化，如相关法规标准和体系制度的升级换版、组织机构和管理机制的调整优化等不宜被视作是管理变更；正常生产管理过程中的校对、审核、审批也不应被视作执行管理变更程序。

当装置生产工况发生变化（如原料组分或工艺技术、流程的改变）、控制参数或控制方式需要进行偏离原设计的调整、设备设施发生变化（如材质、结构、规格型号的改变）等情况出现时，就意味着工艺生产的风险影响因素出现了新的情况，若不加以仔细辨识和有效管控，生产中就可能出现意想不到的事故风险，此时，必须开展工艺和设备变更管理。本节只考虑工艺变更的管理。

（2）管理流程。

工艺变更管理流程如图2-11所示。

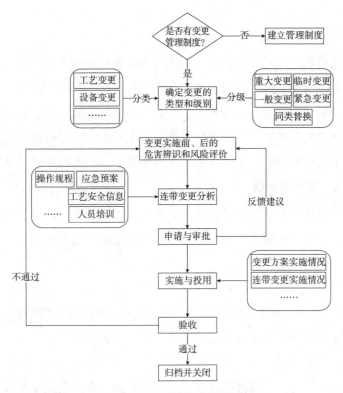

图2-11 工艺变更管理流程

2.1.4.1 建立相关管理制度

企业应建立并实施《变更管理制度》，通过对工艺（含生产物料）变更、设备变更、管理变更（包括关键岗位人员变更、规程预案变更等）实施管理，有效控制变更可能产生的次生风险。

《变更管理制度》具体内容可包括"目的、适用范围、术语和定义、规范性引用文件、职责划分、变更的类型、变更的分级、管理要求（变更申请与审批、变更实施、变更关闭与存档）、资源需求等"。

企业在制定变更管理制度时，应明确各类变更的具体实施范围，以便指导员工正确实施变更。

此外，职责划分中，应明确各类各级的变更由谁申请、谁审查/批准、谁实施/执行、谁跟踪落实连带变更的实施、谁负责同类替换清单的建立和持续改进等。

2.1.4.2 变更的类型

工艺变更的类型主要包括：

1)原辅料、产品的变更，如原辅料或其组分的改变、新的化学品(添加剂、催化剂等)的使用、产品品类的调整等。

2)产能或负荷、工艺技术路线、工艺控制参数、流程及操作条件的变更，如工艺流程、工艺条件、操作步骤、控制参数(报警值、联锁值等)等。

3)仪表控制系统变更，如测控仪表、控制方案、联锁逻辑、控制软件等。

需要注意的是，装置设计或正常生产控制范围内的原辅料组分改变、产能或负荷调整、工艺参数调整、工艺流程切换等不属于工艺变更管理的范围。

2.1.4.3　变更的分级

变更按其特性和影响范围可分为重大变更、一般变更、同类替换、临时变更和紧急变更。其中，变更属于同类替换、一般变更还是重大变更，本质上是基于对变更风险的判断。

重大工艺变更是指涉及生产物料、工艺技术或流程、工艺参数(如压力报警值、联锁值)、控制方案等改变的变更，即"超出现有设计范围的变更"。重大工艺变更前通常需要开展技术及实施可行性的审查、进行工艺危害分析，但是否有必要开展工艺危害分析，以及采用何种方法开展工艺危害分析，应由技术与安全审查小组、审查负责人或其授权代表基于风险判断、方法匹配度及企业对变更的管理要求等因素而定。

一般工艺变更是指影响较小，不造成任何工艺参数和控制方案的改变，但又不是重大变更和同类替换的变更，即"在现有设计范围内的改变"。

同类替换是指符合原设计规格的更换，对安全影响极小，不需要执行变更审批程序。例如，满足原设计规格和国家质量标准要求，但属不同厂家生产的原辅料的替换。

临时变更是指变更一段时间后恢复到原来状态的变更，各企业可根据情况规定临时变更的期限，通常不超过6个月。

紧急变更是指在紧急情况下，如果不立即进行变更就可能带来不可容忍的严重后果，此时正常的变更流程可能无法执行，如在夜间、周末、节假日，工程师们进行非正式的危害分析后，批准实施的变更。危害分析重点关注变更带来的直接或短期后果。在生产系统恢复正常状况后，紧急变更的负责人需要及时按照正常重大变更的变更管理程序，重新组织人员对紧急变更的内容进行审查，并更新相关的文件资料。

2.1.4.4　变更的申请与审批

原则上，装置运行阶段的变更应由基层车间首先提出，变更申请人应根据变更的内容，识别变更的影响因素，基于风险判断初步开展变更的分类分级，做好实施变更前的各项准备工作，提出申请。

变更申请审批单的内容至少应包括：变更目的；变更内容；变更可行性判断；HSE方面的影响描述（①变更后的风险是否可控甚至降低了？②实施过程风险是否可控？③是否需要开展工艺危害分析，如果是，须附工艺危害分析报告）；涉及操作规程修订的，应提交修订后的操作规程；对相关人员的培训和沟通要求；变更的限制条件（如时间期限、原辅料质量要求）；连带变更项目清单等。

根据《变更管理制度》中的职责权限划分，由相应权限的人员或小组审查变更申请。审查时应全面、充分考虑变更后和变更过程中的HSE风险及其控制措施。

依据审查意见，并结合可能的其他影响因素，由审查人员或小组确定是否应采取下一步行动：批准并实施变更申请；提出修订变更申请的内容或改进实施程序的要求；要求进行更严格的工艺危害分析；拒绝变更申请等。

2.1.4.5　变更的实施

变更申请被批准后就进入了实施阶段，通常情况下，在变更实施前，按照变更管理制度的要求，还应开展一些必要的工作，如更新工艺流程图、工艺管道及仪表流程图等工艺安全信息，修订操作规程，培训相关员工，采取必要的风险控制措施等。当然，如果因为时间紧迫等因素导致部分工作无法在变更实施前完成，如工艺安全信息的更新、操作规程的修订、员工培训等，在不影响变更顺利实施的前提下，可以考虑与变更实施同步推进，但必须在变更实施完成后、变更的工艺设备试生产前完成。紧急变更所带来的工艺安全信息更新工作可以适当延后，但也须明确负责人和完成日期。总而言之，宜尽量把与变更实施同步推进的工作、不得不延后完成的工作控制在最小范围内，并制定管控措施，严格跟踪，直至闭环消项。

另外，变更实施前的内容、技术及安全交底也是非常重要的工作，必须严肃对待，以保障变更实施过程的风险可控。

再者，变更实施过程若涉及作业许可的，应执行国家、行业或企业相关作业许可管理规定；重大工艺变更如果在技术与安全审查过程中确定需要进行试生产前安全审查的，应严格执行试生产前安全审查的相关管理标准。

2.1.4.6　变更的关闭与存档

变更实施完成后，变更申请单位和批准人应组织对变更是否符合制度要求、是否达到预期目标进行现场验证并签字确认，以关闭此项变更。具体工作包括：

1）变更的实施是否符合变更管理制度及审批流程要求。

2）相关连带变更是否已完成，如工艺流程图、工艺管道及仪表流程图等相关工艺安全信息已经更新，操作规程甚至应急预案等相关文件已修订完成。

3）是否以书面形式告知相关方（包括承包商），相关人员是否已培训并考核合格，并留存有书面或电子记录。

4）临时变更或规定了期限的变更，期满后是否已恢复到变更前状况。

5）变更验收合格后，按文件管理要求将相关资料整理归档保存。

2.2　设备管理

设备管理是预防工艺安全事故的物质基础，如果物料不泄漏，灾难性的工艺安全事故可能就不会发生。为了追求设备综合效率，提升设备本质安全，各企业应采用一系列理论、方法，并通过一系列技术、经济、组织措施，对设备的物质运动和价值运动进行全过程（从选型、购置、安装、验收、使用、保养、维修、改造、更新直至报废）科学管理。本章从质量保证（选型、购置、安装、调试）、试生产前安全审查（验收）、机械完整性（使用、保养、维修、报废）、设备变更（改造、更新）四个要素对设备生命全周期管理进行了细致分析和解读，并明确了设备管理每一个关键环节的管理原则和推荐做法，为企业设备管理人员、工程师、操作人员进行科学化设备管理提供了技术支持。

2.2.1　质量保证（QA）

（1）概述。

设备质量是整个工艺安全管理的物质基础，其风险得不到有效控制将会给企业带来不同程度的经济损失或造成安全事故，例如：

1）设备的选型关系到企业生产系统规划决策的大局。决策失误，轻则造成企业效益下降，重则导致企业设备可靠性降低，设备安全事故频发。

2）设备的性能、维修工作量与寿命周期费用，基本上在其选型、制造和安装阶段就已决定了。除非对其进行改造，否则，任何优质的维护与检修都不可能提高其设计性能，而只能延缓其性能的下降。

综上所述，做好设备前期管理工作，各个环节的质量得到有效控制，不仅为投产后的使用、维护、修理等奠定好的基础，也为安全生产和降低产品成本等提供有力的保障。因此，企业应通过有效的管理流程和检验手段对设备质量进行控制，确保设备在运行阶段能长周期、满负荷安全运行。

（2）管理流程。

质量保证管理流程如图2-12所示。

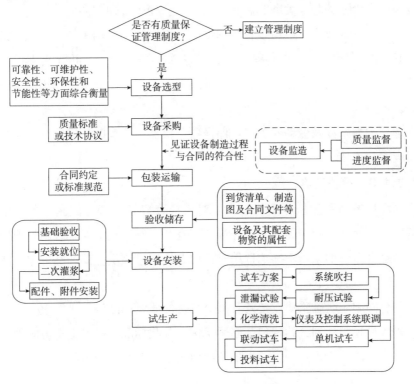

图2-12 质量保证管理流程

2.2.1.1 建立相关管理制度

企业应建立并实施《质量保证管理制度》，明确设备在投入使用前各个环节（选型、采购、监造、包装运输、验收储存、安装调试、联动试车等）的相关管理要求，保证装置长周期运行，最大可能实现本质安全。设备如果采用外购或外加工的方式，在设备开始制造前，还需要考察制造单位的质量保证体系，企业可以要求制造单位加强质量保证某些环节的管理，并委派代表(监理)参与关键、重点设备及关键环节的监造。

《质量保证管理制度》宜包括以下内容：适用范围、术语和定义、职责划分、管理要求(选型、采购、监造、包装运输、验收储存、安装调试、联动试车等的具体管理内容)、记录表单等。

2.2.1.2　设备选型

设备选型必须坚持生产上适用、技术上先进、经济上合理的原则，从可靠性、可维护性、安全性、环保性和节能性等方面综合衡量。如果是改扩建项目，应尽量与原有设备的相互关联和配套机型统一，便于管理和使用。

对关键设备的选型一般由设备管理部门组织，会同使用单位、工艺管理部门参与，必要时可到同类工艺流程或装置厂家作调研、考察，并作出书面调研报告，做好技术经济认证工作，由企业业务决策者根据提供的情况作出决策或召开专题会议定策。

在选型中如果涉及劳动保护、环保设备、仪器、仪表时，安全环保、质量相关部门应参与审核。

2.2.1.3　设备采购

采购质量控制必须从源头抓起，要对供应商经营规模、经营业绩、信誉程度、资质合法性、主营产品等进行详细的调查和了解，在掌握其基本情况时再决定是否与之合作，如果仍不确定选用时，可到使用过该供应商产品的单位进行考察验证。

采购合同中应明确采购设备及其配套物资的质量标准或技术协议，必要时明确监造等质量控制计划，约定包装储运条件、验收标准、检验方法方式及出现不合格的解决方法；应预见到可能出现的任何问题，并在合同中约定。

2.2.1.4　设备监造

设备监造工作应覆盖设备材料验收、部件加工制造、厂内组装、检验、试验、包装、发货前检查、复检制造缺陷返厂处理等过程的质量和进度监督，见证设备制造过程与合同的符合性，严格把好质量关，避免常见性、多发性、重复性质量问题，督促制造单位将设备制造缺陷消除在制造厂内，防止不合格品出厂。

(1)人员素质要求。

设备监造人员应是取得设备监理师执业资格证书并经注册的设备监理人员，

即注册设备监理师，或经设备监理行业自律组织认可的设备监理人员。

对监造人员素质要求，一般遵循以下原则：

1）监造人员应具备本专业的丰富技术经验，并熟悉被监造设备相关的法律、规范、标准、合同等资料文件。

2）掌握所监造设备的生产工艺及影响其质量的因素，熟悉关键工序和质量控制点的要求和必要条件。

（2）监造标准。

设备监造以国家法律法规、相关行业规范标准和规定、设备供货合同为依据。如果合同中无规定或不明确、不完整的，按下列原则处理：

——按国家标准。

——国家标准无规定的，按行业标准。

——国家标准和行业标准均无规定按企业标准。

——引进国外技术生产的产品，按引进技术标准。

——必要时，由买方、设计单位和制造单位多方共同协商确定技术标准。

（3）监造方式。

监造方式一般采用甲方技术人员现场监造或委托第三方专业监造单位监造两种方式，设备监造宜采取驻厂监造的模式。对个别设备和分包部件，经监造委托人同意后可采取巡回检查的监造模式。

2.2.1.5　包装运输

在出厂前，所有的设备、配套物资应按照合同约定或标准规范进行包装防护，以保证在到达现场时处于无损坏状态。约定包装储运条件应考虑采用的道路运输方式和施工现场所处环境。

2.2.1.6　验收储存

1. 验收一般规定

验收应由建设、监理、施工、物资采购等相关单位专业代表共同进行。设备现场检查验收时，应根据到货清单、制造图及合同文件进行，检查有关的技术文件和质量证明文件、特种设备监检证书、零部件和备件、专用工具等，并应对设备外观和结构尺寸进行核实，验收后应填写验收记录。

动设备验收的主要内容包括：

（1）名称、型号、规格、包装箱号、箱数和包装应与装箱单相符。

(2)随机技术文件、专用工具及备品备件应齐全。随机技术文件一般包括但不限于以下范围：①出厂质量证明文件；②所附管材、管件、高压紧固件的材料合格证明书；③有关重要零部件的制造、装配图纸及有关检验/试验报告、记录等资料；④设备的平/立面安装图、基础图及相关工艺设计图；⑤安装手册、用户手册等指导性文件。

(3)所有设备及零件的外观、规格及数量应与图纸相符。

(4)设备底板地脚螺栓安装孔的尺寸应与设计文件相符。

静设备验收的主要内容包括：

(1)设备和安全附件应符合设计文件及订货合同的要求。如设备名称、型号及规格；安全附件的规格、型号、数量；产品质量证明文件。

(2)设备外观质量应符合下列要求：①无表面损伤、无变形、无锈蚀；②焊接飞溅和工装卡具的焊疤已清除；③不锈钢、不锈钢复合钢制设备的防腐蚀面与低温设备的表面无刻痕和各类钢印标记；④不锈钢、钛、镍、锆、铝制设备表面无铁离子污染；⑤设备管口封闭；⑥充氮设备处于有效保护状态；⑦设备的方位标记、中心线标记、重心标记及吊挂点标记清晰；⑧防腐蚀涂层无流坠、脱落和返锈等缺陷。

(3)静设备底座尺寸地脚螺栓孔规格、数量应符合设计文件要求，且设备底座外径、地脚螺栓孔直径、相邻螺栓孔弦长和任意两螺栓孔弦长允许偏差值不应大于2mm。

(4)静设备工艺接口和仪表接口的连接形式、方位和规格应符合设计要求，接口法兰的水平度、垂直度偏差值不得超过法兰外径的1%，且不得大于3mm，其中法兰外径小于100mm时应按100mm计。

(5)已整体热处理设备的预焊件位置、尺寸、数量应符合设计要求。

(6)对于安装有填料及内部构件的设备，应根据内构件安装图对其内部构件的焊接质量、附件安装尺寸、填料的规格和数量等进行检查验收。

管道元件和材料验收的主要内容包括：

(1)质量证明文件，其特性数据应符合国家现行有关标准和设计文件的规定。

(2)对于铬钼合金钢、含镍低温钢、不锈钢、镍及镍合金、钛及钛合金材料的管道组成件，应采用光谱分析或其他材质复验方法对材质进行抽样检验。检验比例应按每个检验批(同炉批号、同型号规格、同时到货)抽查5%，且不应少于

1件。采用检验结果应符合国家现行有关标准和设计文件的规定。

（3）阀门（已脱脂的阀门除外）应进行壳体压力试验和密封试验，具有上密封结构的阀门还应进行上密封试验，并应符合下列规定：

1）阀门试验应以洁净水为介质。不锈钢阀门试验时，水中的氯离子含量不得超过 25×10^{-6}（25ppm）。试验合格后应立即将水渍清除干净。当有特殊要求时，试验介质应符合设计文件的规定。

2）阀门的壳体试验压力应为阀门在20℃时最大允许工作压力的1.5倍；密封试验压力应为阀门在20℃时最大允许工作压力的1.1倍；当阀门铭牌标示对最大工作压差或阀门配带的操作机构不适宜进行高压密封试验时，试验压力应为阀门铭牌标示的最大工作压差的1.1倍；阀门的上密封试验压力应为阀门在20℃时最大允许工作压力的1.1倍；夹套阀门的夹套部分试验压力应为设计压力的1.5倍。

3）在试验压力下的持续时间不得少于5min。

4）阀门壳体压力试验应以壳体填料无渗漏为合格。阀门密封试验和上密封试验应以密封面不漏为合格。

5）检验数量应符合下列规定：

①用于 GC1 级管道和设计压力大于或等于 10MPa 的 C 类流体管道的阀门，应进行100%检验。

②用于 GC2 级管道和设计压力小于 10MPa 的所有 C 类流体管道的阀门，应每个检验批抽查10%，且不得少于1个。

③用于 GC3 级管道和 D 类流体管道的阀门，应每个检验批抽查5%，且不得少于1个。

（4）GC1 级管道和 C 类流体管道中，输送毒性程度为极度危害介质或设计压力大于或等于 10MPa 的管子、管件，每个检验批抽查5%，且不少于1个，采用外表面磁粉检测或渗透检测，检测结果不应低于国家现行标准 JB/T 4730.4—2005《承压设备无损检测　第4部分：磁粉检测》和 JB/T 4730.5—2005《承压设备无损检测　第5部分：渗透检测》规定的 I 级。对检测发现的表面缺陷经修磨清除后的实际壁厚不得小于管子公称壁厚的90%，且不得小于设计壁厚。

（5）当规定对管道元件和材料进行低温冲击韧性、晶间腐蚀等其他特性数据检验时，产品质量证明书应有相应试验合格的报告，并应按每个检验批抽查

1件。

(6)合金钢螺栓、螺母应进行材质抽样检验。GC1级管道和C类流体管道中，设计压力大于或等于10MPa的管道用螺栓、螺母，应进行硬度抽样检验。每个检验批(同制造厂、同型号规格、同时到货)抽取2套。

(7)钢管的外观检验应符合下列规定：

①无裂纹、缩孔、夹渣、折叠、重皮等缺陷。

②局部的锈蚀、凹陷及其他机械损伤，其深度不应超过产品标准允许的壁厚负偏差值。

③有明显的产品标识。

(8)钢管订货合同中对外表面有无损检测要求的，应对每批钢管抽取1%且不少于1根进行外表面磁粉检测或渗透检测，其检测结果应符合合同规定的技术标准。

(9)当钢管、管件设计压力大于10MPa和外径大于15mm时，导磁性的应做磁粉检测，非导磁性的应做渗透检测，检验数量应为每批5%，不少于1根。

国外进口设备在开箱前必须向商检部门及检验检疫等相关部门递交检验申请并征得同意，或海关派人员参与开箱检查。

2. 储存

按储存设备及其配套物资的属性，将不同类别物资分配到适当的储存保管地点，对各类物资进行集中统一管理。基本原则如下：

(1)按库(场、棚)号、架(区)号、层(排)号、位号，进行定位管理。

(2)根据物资的形状，以五或五的倍数为基本计数单位，分别摆成五、十成行、成串、成堆(不足五、十时，遵循左整、后整和下整)等不同垛型的堆码方法。

(3)物资保管保养做到不锈蚀、不潮解、不冻结、不混不串、不漏失。室外存放的设备和施工材料应有防雨、防积水、防晒等措施。

(4)验收或检验中不合格的严禁使用，并应做好标识和隔离防腐处置。

(5)设备管口或开口应封闭，内壁抛光的设备应检查油脂保护状况。氮气保护的设备应定期检查氮气压力。已进行热处理的设备应防止电弧或火焰损伤。

(6)不锈钢、钛、镍、锆、铝制设备应与碳钢隔离，并应采取防止铁离子污染及焊接飞溅损伤的防护措施。在搬运、吊装等作业时，所使用的碳钢构件、索具等也不得与设备壳体直接接触。铝制设备、钛制设备、低温设备应采取防止表面擦伤的措施。

(7)危化品及其他有毒有害、易燃易爆、易挥发的溶剂材料应存放于通风良好的专用室内,并在储存区醒目处粘贴安全技术说明书。酸碱及其溶液应专库存放,严禁与有机物、氧化剂和脱脂剂等接触。油漆、稀释剂等易燃易爆危化品储存区附近10m范围内严禁烟火。

2.2.1.7　设备安装

设备安装涉及的范围比较广泛,其中包括材料、生产工艺、安装技术、动力、机具及操作人员等,每个环节或工序出现问题将会对设备安装过程及安装质量造成严重的影响,同时也影响投用后的使用效果。不同设备安装程序不同,通常情况下可通过以下几个步骤进行控制。

(1)施工准备。

1)文件管理。在设备安装前,建设单位应组织并督促相关单位进行设计交底和图纸会审,及时发现设计中存在的问题,确定各项技术问题解决方案。

安装单位应根据相关规范、制造单位的意见以及安装指南等资料编制施工组织设计、施工技术方案和施工进度计划,以明确设备安装方法和验收标准,并提交建设单位或监理进行审批。

对缺少安装经验的机械设备,应充分了解其结构和特点,制定符合实际切实可行的安装方案,确定安装步骤和操作方法,必要时联系制造厂进行现场指导;对于大型机械设备应编制设备运输、装卸、现场的搬运、就位、吊装方案。

2)人员管理。设备安装前,安装单位应按计划配备合格的施工人员,并向监理或建设单位报审施工资质证书,管理人员、技术人员和特殊工种人员的资格证书,以确保新改扩建项目的工期和质量。

设备安装前,安装单位还应组织相关人员进行安全技术交底或培训,并做好记录。

3)施工用具。安装前,安装单位应配备满足安装要求的施工机具及检验合格的计量器具,监理应对设备完整性及计量器具的鉴定情况进行确认,以避免对施工安全和质量造成不良影响。

4)材料和设备管理。用于安装的材料、器材、构配件和设备应出具原生产厂的质保书或合格证及有关技术资料;施工单位自行采购的材料、构配件和设备应报审经建设单位和监理单位验收。建设单位提供的材料和设备应经监理单位和施工单位验收，同时做好验收记录；如果存在存放时间较长的设备，安装前需确认是否完好。

5）环境管理。安装现场要达到三通一平。对于大型设备应事先进行进场运输路线的确定及道路承载的核实工作，确保运输车辆的顺利通行；大型设备吊装时，场地所能承受的载荷应满足要求。

当气象条件不适应设备安装时，应采取满足施工条件措施后方可施工。

当拟利用建筑结构作为起吊、搬运设备的承力点时，应对结构的承载力进行核算；必要时，应经设计单位的同意，方可利用。

（2）工序控制。

在安装过程中，可以委派相关检验人员对设备安装各关键步骤进行检验，确保施工单位按照正确的方法实施设备安装、检验或测试，并符合设计规格的要求和能够安全投入运行。不同设备，工序的具体内容和方法也有所不同。电仪设备、工艺管道等典型设备应按照施工安装验收规范的具体规定执行，本手册不做详细叙述；设备的安装通常情况下可以按以下流程进行检验。

1）基础验收。基础强度需达到设计强度的75%以上，由建设单位或监理单位组织土建单位和安装单位有关人员参加对基础的验收交接。

验收时，按照设计文件和相关技术文件对基础的外形尺寸、平面位置、基础标高、基础水平度、预埋地脚螺栓标高和中心距、预留地脚螺栓孔中心位置和深度等进行复测检查。

基础表面不应有裂纹、蜂窝、孔洞、露筋等缺陷。其中心线、标高和沉降观测点等标记应准确、清晰、齐全。需要进行二次灌浆层的混凝土基础面应凿成麻面，麻点深度不宜小于10mm，密度以 3~5 点/dm² 为宜，表面不应有疏松层。

2）安装就位。设备安装之前，一定要按照施工图以及相关建筑物的轴线、边缘线、标高线来确定安装设备的基准线，并且必须要以这条基准线为标准，并根据机械设备的连接排列关系，来确定其他设备相应的坐标方位。

设备采用垫铁组找正、找平时，垫铁组的放置应符合下列规定：

①地脚螺栓两侧应至少放置一组垫铁，垫铁组应靠近地脚螺栓。有立筋或加强筋的设备底座，垫铁应放置在其下方。相邻两垫铁组之间的距离不应超过500mm。

②斜垫铁应配对相向使用，搭接长度不应小于全长的3/4。立式设备每组垫铁不应超过3块，其他设备每组垫铁不应超过5块，垫铁组高度宜为30~80mm。放置平垫铁时厚的应放在下面，薄的应放在厚平垫铁与斜垫铁之间。

③设备找正后每组垫铁均应压紧，垫铁之间和垫铁与支座之间应均匀接触，并用手锤逐组轻击听声音检查。动设备还应采用0.05mm塞规检查垫铁之间和垫铁与底座之间的间隙，在垫铁同一断面处从两侧塞入的长度总和不应超过垫铁长度的1/3。

④垫铁端面应露出设备底座外缘10~30mm，垫铁组伸入长度应超过设备地脚螺栓所在位置。设备找平、找正后应将垫铁组进行层间点焊固定，注意垫铁与设备底座之间不应焊接。

⑤安装在金属构架基础上的设备找正后，其垫铁应与金属构架定位焊牢。

3) 二次灌浆。二次灌浆应在设备找正、找平、隐蔽工程检验合格后进行。设备基础灌浆应符合以下规定：

①预留地脚螺栓孔或基础与设备底座之间的灌浆应一次完成。

②灌浆前应用水将基础表面冲洗干净，保持湿润不应少于24h。灌浆前1h应吹净表面积水和吸干地脚螺栓孔积水。若环境温度低于0℃时，应有防冻措施；灌浆宜采用细碎石混凝土，其强度应比原基础混凝土的强度高一级；无垫铁安装的设备二次灌浆应采用微胀混凝土，并制作同条件试件检验合格。灌浆时应振实，注意应避免地脚螺栓倾斜和影响设备的安装精度。

③灌浆层厚度不宜小于30mm，混凝土养护期间环境温度低于5℃时应采取防冻措施。

④当设备底座下不能全部灌浆，且灌浆层需承受设备负荷时，应设置内模板。

⑤无垫铁安装的二次灌浆层达到设计强度的75%以上时，方可松掉顶丝或取出临时支撑件，并应复测设备水平度，检查地脚螺栓的紧固程度，将支撑件的空隙用与二次灌浆同样的灌浆料填实。

4) 配件、附件的安装。拆检装配工作要在具有防风、防雨措施的良好环境中进行，同时要符合以下规定：

①零部件在拆卸前应测量拆卸件与有关零部件的相对位置或配合间隙，并做好相应的标记和记录。

②对拆卸后的设备及其零部件要再次检查确认，观察是否有油污和锈蚀。尤其是零部件的配合面和滑动面，若表面不干净，要按照规定进行清理。

③清洗好的部件要妥善保存，进行干燥处理并采取防锈措施，按照标记和装配顺序进行安装。组装时必须达到技术文件的要求，严格保证各装配间隙及相对位置。

④封闭前应仔细检查和清理，对于有内腔的机械设备在封闭前要检查是否残留异物；对油箱、水箱等密闭设备，要进行渗漏检查，以免运行时发生事故泄漏；在装配有过盈的配件时，在配合面要均匀地涂层润滑油，可视情况采用压装、热套或冷套法进行装配。

具备清理条件的各类静设备，经建设单位或监理单位代表现场确认内部无杂物脏物后进行封闭。

2.2.1.8　试生产

一般情况下，建设单位应在项目开始建设时就成立专门机构，负责项目的试生产和生产运行准备工作（合同另有规定的除外）。试生产需明确试生产安全管理范围，合理界定项目建设单位、总承包商、设计单位、监理单位、施工单位等相关方的安全管理范围与职责。

项目建设单位负责编制总体试生产方案、明确试生产条件。对采用专利技术的装置，试生产方案经设计、施工、监理单位审查同意后，还要经专利供应商现场人员书面确认。

试生产前，项目建设单位还要完成工艺流程图、操作规程、工艺卡片、应急预案、化验分析规程、电气运行规程、仪表及计算机运行规程、联锁整定值等生产技术资料、岗位记录表和技术台账的编制工作。

（1）试生产方案。

依据有关安全生产法规和国家行业标准的规定，建设单位应当组织建设项目的设计、施工、监理等有关单位和专家制定试生产方案，提出试生产过程中可能出现的安全问题及对策，保证建设项目设备设施满足生产、储存的安全要求并使其处于正常适用状态。试生产方案应当包括下列有关安全生产的内容：

1）设备及管道吹扫、试压、气密、单机试车、仪表调校、联动试车等生产准备的完成情况。

2）投料试车方案。

3）试生产(使用)过程中可能出现的安全问题、对策及应急预案。

4）周边环境与安全试生产(使用)相互影响的确认情况。

5）危险化学品重大危险源监控措施的落实情况。

6）人力资源配置情况。

7）试生产(使用)起止日期。建设项目试生产期限应不少于30日，不超过1年。

建设单位在采取有效安全生产措施后，方可将建设项目安全设施与生产、储存、使用的主体装置、设施同时进行试生产。

试生产(使用)前，建设单位应当组织专家对试生产方案进行审查，对试生产条件进行确认，对试生产过程进行技术指导。

(2)系统吹扫。

设备和工艺管道系统吹扫、清洗及试压前，应编制实施方案，经审查批准后实施。注意在方案中，应根据设计工艺流程图和现场实际情况绘制工艺管道系统吹扫及试压流程图，试压流程图上应标注管道系统组成件和仪表规格型号、相对位置、压力等级分界点、吹扫及试压拆装点和隔离点等。

管道系统可采取空气吹扫、水冲洗或蒸汽吹扫的方式进行清洁，注意蒸汽管道应采用蒸汽吹扫，非热力系统管道不得采用蒸汽吹扫。管道吹扫及清洗前，应仔细检查管道支吊架的牢固程度，对有异议的部位进行加固。对不允许吹扫与清洗的设备和管道组成件，应进行隔离或拆除。对以焊接形式连接的管道组成件应采用流经旁路或卸掉阀头及阀座加保护套等保护措施后再进行吹扫清洗。其顺序应按主管、支管、疏排管依次进行。

在系统吹扫冲洗前，要在排放口设置禁区和警戒区域，并应挂警示牌。吹扫清洗时空气爆破吹扫和蒸汽吹扫时，应采用在排放口安装消音器等措施。

(3)耐压试验。

在现场制作的工业压力管道和压力设备安装完毕、热处理和无损检测合格后，应该按照设计文件的规定进行耐压试验；在制造厂做过耐压试验且有完备的证明文件的设备安装前可不做耐压试验。

耐压试验一般使用清洁水，由于结构或者支承等原因，不能向设备内充灌液体，以及运行条件不允许残留试验液体的系统，可采用气压试验，但应对气压试验系统的完整性进行危害识别和风险评价，压力容器壳体A类、B类对接接头必须进行全部无损探伤，气压试验的安全操作程序应经过审核。试验时应装有压力泄放装置，其设定压力不得高于 1.1 倍的试验压力。

试验用压力表至少采用 2 个量程相同并且经过校验合格的压力表，安装在被试验系统或设备顶部便于观察的位置。耐压试验场地应当有可靠的安全防护设施，并经过技术负责人和安全管理部门检查认可。耐压试验保压期间不得采用连续加压来维持试验压力不变，耐压试验过程中不得带压紧固螺栓或者向受压元件施加外力；耐压试验过程中，不得进行与试验无关的工作，无关人员不得在试验现场停留；耐压试验后，如果出现返修深度大于 1/2 厚度的情况，应当重新进行耐压试验。

(4)泄漏试验。

泄漏试验应按设计文件的规定进行，并应符合下列规定：

1)耐压试验合格后，对于盛装或输送毒性危害程度为极度、高度危害介质或者设计上不允许有微量泄漏的压力容器，必须进行泄漏性试验。

2)气密性试验压力应为设计压力。氨检漏试验、氦检漏试验和卤素检漏试验时，其试验系统内的真空度要求、试验压力、保压时间以及试验操作程序等由设计者在设计文件中规定。

3)气密性试验可结合试车工作一并进行。

4)进行气密性试验时，一般需要将安全附件装配齐全；保压足够时间经过检查无泄漏为合格。

要确保气密试验方案全覆盖、无遗漏，明确各系统气密的最高压力等级。高压系统气密试验前，要分成若干等级压力，逐级进行气密试验。真空系统进行真空试验前，要先完成气密试验。要用盲板将气密试验系统与其他系统隔离，严禁超压。气密试验时，要安排专人监控，发现问题，及时处理；做好气密检查记录，签字备查。

(5)设备、管道系统的化学清洗应符合下列要求：

1)化学清洗范围和要求应符合设计文件及国家现行有关施工及验收标准要求。

2)化学清洗前应编制化学清洗方案并得到审批。

3)化学清洗可采取系统循环法或浸泡法，化学清洗液配方应符合设计文件和国家现行有关标准的规定。

4)当清洗液循环时，清洗时应进行系统高点排气，避免设备、管道内产生气囊。

5）对于可能被清洗液影响其正常使用的部件，应隔离或拆除后另行清洗处理。

6）化学清洗合格后，应立即进行管道的组装。当系统暂不使用时，应采取置换充氮等保护。

7）化学清洗废液的排放或处理应符合环境保护的要求。

8）脱脂后的系统严禁使用含油介质进行吹扫和进行系统气密性试验。

（6）仪表及控制系统。

仪表及控制系统经检查、调校符合要求后，应对检测和控制回路、分散型控制系统、编程逻辑控制器、紧急停车系统等系统间的通信、报警及联锁回路、顺序控制回路等进行联调。

系统（回路）联调前应具备下列条件：

1）组成回路的仪表设备、控制系统、仪表线路和仪表管道安装完毕，组成回路的各仪表的单体试验和校准已完成，仪表电气线路检查合格。

2）系统（同路）联调方案已获审批。

3）分散型控制系统、编程逻辑控制器、紧急停车系统调节器模块的比例积分微分控制参数、前馈控制参数、比率值、温压补偿和各种校正器的比率偏置系数已按工艺要求计算和预置。

系统（回路）联调应符合下列要求：

1）检测回路在检测仪表安装位置输入模拟被测变量的信号，在操作站或二次表上检查显示值误差、显示功能等达到设计文件的规定。

2）控制回路在操作站或二次表上向执行单元发出控制信号，检查调节器、执行器的作用方向、行程时间和反馈显示等达到设计文件的规定。

3）报警回路在发讯器位置输入模拟被测变量的信号，在操作站或二次表上检查报警值的设定，声光报警的消音、复位和记录功能等达到设计文件的规定。

4）顺控和联锁回路在发讯器位置输入模拟被测变量信号，检查联锁值的设定、条件判断、逻辑关系、执行器的动作/动作时间、联锁复位和记录功能等达到设计文件的规定。

（7）单机试车。

单机试车是指现场安装的驱动装置空负荷运转或单台机器、机组以水、空气等为介质进行的负荷试车，以检验其除受介质影响外的机械性能以及制造、安装质量。确因受公用工程或介质限制而不能进行单机试车的，经建设单位同意后，可留待联动试车时一并进行。

单机试车应以施工单位为主，监理单位、建设单位、设备生产单位派员参加。单机试车方案和操作规程，应按动设备随机文件资料和有关技术标准的规定结合现场实际情况编制，并经审批通过。

单机试车前应具备下列条件：

①设备基础和二次灌浆的强度应达到设计强度。

②设备内部及附属系统应已检查清洗，润滑油、冷却液应已添加到位，附属系统仪表、调节保护装置应已经调校合格。动力配电系统应已调试合格。

③与设备连接的管道应已吹扫、冲洗、试压并符合设计及规范要求，且阀门操作灵活。

④进口需加过滤网的已安装。试车系统应设置盲板与其他系统隔离完毕。

⑤试车人员熟悉与岗位相对应的操作规程，经培训合格并取得相应的资格证书。

单机试车除符合随机文件规定外，还应符合下列规定：

①相关安全报警和联锁等自控装置（包括大型机组的分散型控制系统）已投用。

②应无异常噪声、声响，设备的噪声测试值应符合国家现行有关标准的规定。

③滚动轴承温升不应超过40℃，其最高温度不应超过75℃；滑动轴承温升不应超过35℃，其最高温度不应超过65℃，其他部位的温升应符合随机文件的规定。

④附属系统的压力、温度、振幅和电流等特性参数应符合随机文件规定。

单机试车过程中，应安排专人操作、监护、记录，发现异常立即处理。大型机组采购合同中应明确制造商的技术指导责任或见证义务，并在其指导或见证下进行。单机试车结束后，建设单位要组织设计、施工、监理及制造商等方面人员签字确认并填写试车记录。

(8)联动试车。

单项工程或单位工程按设计文件所规定的范围全部完成，并经管道系统和设备的内部处理、电气和仪表调试及单机试车合格后，它标志着工程施工安装结束，由单机试车转入联动试车。联动试车就是对规定范围内的机器、设备、管道、电气、自动控制系统在各处达到试车标准后，以水、空气、部分物料等介质所进行的模拟运行，以检验设备、管道、电气、自控系统除受介质影响外的全部性能和设计、制造、安装质量，验证其安全性、可靠性和完整性等。因此联动试车应按单元、系统逐步进行，直至整个建设项目。

联动试车必须按正常运行的生产装置进行管理，执行生产运行的各项管理制度。在实施联动试车前应具备但不限于以下条件：

①试车范围内的施工已按设计文件规定的内容和施工及验收规范的标准全部完成。

②联动试车范围内的设备，除必须待化工投料试车阶段进行试车的以外，单机试车已经全部合格。

③建立健全正常运行管理机构，各级管理岗位职责界线清晰，已经审批的程序下发执行。联动试车方案和操作规程已经批准公布。

④联动试车所需燃料、水、电、汽和工艺/仪表空气等可以确保稳定供应，各种物质和测试仪表、工具皆已备齐。

⑤范围内的检测系统、自动控制系统、报警联锁系统和泄放火炬系统等已测试完成符合设计要求。

⑥需要临时屏蔽的联锁已履行了变更审批程序，并保留报警功能正常投运。

(9)投料试车。

投料试车是对建成的项目装置按设计文件规定引入真实工艺物料，进行各生产单元或装置之间首尾衔接的实验操作，打通生产流程，并生产出产品。投料试车前应编制试车方案，包括但不限于下列内容：

1)装置概况和试车目标。

2)组织和指挥机构，及其各岗位职责范围和工作任务。

3)试车前应具备的条件。

4)原料、燃料、水、电、气(汽)的要求。

5)主要参数的控制范围，各工序、单元或系统的开车程序。

6)正常和紧急情况下各工序、单元或系统的停车程序。

在向系统投入真实工艺物料前，要全面检查包括但不限于下列活动：

1)工艺系统干燥、置换合格。

2)系统预冷或预热已完成，各静态密封点按要求进行了紧固检查。

3)催化剂预处理达到投料条件。

4)设备、电气、仪表、公用工程和应急准备等情况，具备条件后方可进行投料。

投料试车过程中，要严格控制现场人数，严禁无关人员进入现场。管理人员要现场指挥，严禁多头领导、越级指挥。操作人员必须按照试车方案和操作规程实施操作，对关键工序和高风险操作流程应采取一人操作一人复核确认及监护的管理措施。当上游工艺流程不稳定或下游工艺流程不具备运行条件时，严禁进行下步工序的实施。

2.2.2 试生产前安全审查(PSSR)

(1)概述。

试生产前安全审查是指在工艺设备投运之前对所有影响工艺设备安全运行的相关因素进行检查和确认，并将所有必改项整改完成，批准投运的过程。通过试生产前安全审查需要确认的工作包括：

①工艺设备的建设与安装符合设计要求。

②必要的设备测试、检查均已完成并被确认。

③所有保证工艺设备投运与操作安全的规程准备就绪，并分发给相关人员，包括试生产方案及操作、维保、安全规程等。

④操作与维护管理工艺设备的人员得到足够的培训。

⑤必要的工艺设备安全信息齐备完整并得到更新。

⑥所有工艺危害分析提出的改进建议得到落实和合理的解决。

必改项是指可能在工艺设备投运过程中或之后引起严重危害、影响操作和维护安全，风险等级较高，且必须在投运之前解决的隐患或缺陷。

遗留项是指不影响工艺设备投运安全，风险等级相对较低并已经采取监控措施，可以在投运后逐步限期解决的问题或缺陷。

有效的试生产前安全审查可以在项目试生产前及时消除各类隐患，保证装置安全顺利投产，降低发生事故和伤害的可能性，并体现管理层对安全的承诺。

(2)管理流程。

试生产前安全审查管理流程如图 2 - 13 所示。

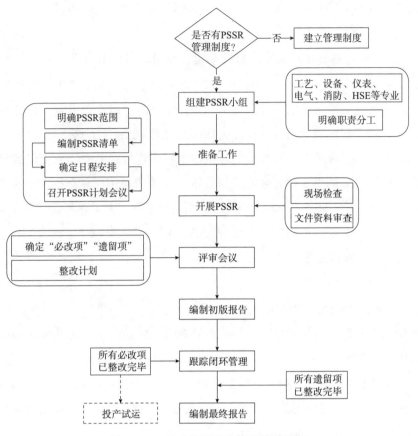

图2-13 试生产前安全审查管理流程

2.2.2.1 建立相关管理标准

企业应建立并实施《试生产前安全审查管理标准》，明确试生产前安全审查的组织平台、适用范围、管理程序及资源需求。

《试生产前安全审查管理标准》具体内容可包括"目的、适用范围（新改扩建项目试生产前、工艺设备停产检修后投运前、重大工艺设备变更项目完成后投产前等）、术语和定义、规范性引用文件、职责划分、管理要求（前期准备工作、试生产前安全审查清单的编制要求及范例、审查过程实施要点、记录表单及报告编制、审查结果的闭环管理）、资源需求等"。

管理标准中应明确试生产前安全审查由谁组织、谁参与，哪些情况下需要实施试生产前安全审查，清单应如何编制，应在什么时段介入并实施，由谁提供资源保障（人力、财力、时间、信息及技术等），由谁负责试生产前安全审查建议的落实，由谁追踪建议的落实，由谁负责试生产前安全审查的质量评审，由谁负责试生产前安全审查的程序改进等。

2.2.2.2　组建试生产前安全审查小组，明确职责分工

为了确保试生产前安全审查质量，被审查项目、装置或工艺设备的单位负责人应根据被审查对象的进度安排，提前组建一个试生产前安全审查小组并任命一名组长，组长一般由属地负责人担任，如项目经理、工厂经理等。

组长负责小组成员的选定并按照评审清单的内容将相关的任务分配给每个小组成员。小组成员的组成和人数需根据被审查对象的范围、复杂程度和技术要求而定，通常由工艺、设备、仪表、电气、消防、HSE等专业工程师以及有经验的操作人员组成。必要时，也可以包括承包商人员、具有特定知识和经验的外部专家。

2.2.2.3　准备工作

准备工作包括但不限于以下内容：

(1)明确试生产前安全审查范围。

开展试生产前安全审查之前，需根据被审查对象的风险特点及影响范围明确审查将要覆盖的范围。对于规模不大的项目，可以考虑一次性完成全部的审查；对于规模大、工艺复杂且投运风险高的装置，尤其是各个工艺单元投产时间间隔较长的项目，可以根据工艺系统的组成和投产进度安排，分次开展试生产前安全审查。

(2)编制试生产前安全审查清单。

审查小组应结合被审查对象的风险特点(可参考工艺危害分析报告)，相关设计文件，国家、行业相关法规标准，以往同类事故经验教训等制定一个有针对性的试生产前安全审查清单。审查清单是否完整、准确和可量化直接关系到试生产前安全审查的完成质量。清单编制完成后应组织小组成员甚至外部专家进行审查并补充完善。

对于不同的工艺生产装置，审查清单肯定有所不同，企业可根据自身行业生产及风险特点、工艺生产装置的实际情况编制通用审查清单、不同工艺生产装置审查清单甚至工艺设备专项审查清单，在需要使用时选用并进行适当的针对性优化完善即可。

试生产前安全审查清单至少应包括工艺技术、设备、仪表自控、电气、消防、HSE及人员培训等方面的内容：

1)工艺技术。

①所有工艺安全信息(如安全技术说明书、工艺设计说明书等)与生产实际

相一致并已归档。

②工艺危害分析提出的建议措施已整改落实。

③试生产方案、工艺操作规程和安全技术规程等符合工艺设计和国家相关法规标准要求并经批准确认，相关准备工作已就绪。

④工艺技术变更经过批准并记录在案，包括工艺流程图、工艺管道及仪表流程图更新等。

2）设备。

①静设备和管道已按设计和国家相关法规标准要求完成制造、运输、安装、压力试验、冲洗、吹扫、化学清洗及验收，特种设备已登记注册。

②动设备已按设计和国家相关法规标准要求完成安装、单机试车和验收。

③设备试运行方案、操作规程、完整性管理手册等相关程序和记录表单已按要求制定并得到批准。

3）仪表自控。

①仪表及控制系统已按设计和国家相关法规标准要求完成安装、调试和验收。

②仪表及控制系统安全运行及维保规程已制定并得到批准。

4）电气。

①电气设备已按设计和国家相关法规标准要求完成安装、试验和验收。

②电气系统安全运行及操作管理规定已制定并得到批准。

5）消防。

①消防系统及设备设施已按设计和国家相关法规标准要求完成安装、测试和专项验收。

②消防安全管理制度已制定并得到批准。

6）HSE。

①装置的平面布置和作业环境满足设计及安全生产、操作、维护、检修、消防和应急等的要求。

②与人身安全/职业健康相关的防护设施已按设计和国家相关法规标准要求完成安装、测试和专项验收，个人劳动防护用品已配备到位。

③"三废"处理设施已按设计和国家相关法规标准要求完成建设、调试和专项验收，环境监测仪器及化学试剂已配备到位，相关准备工作已就绪。

④应急设备设施已按设计和国家相关法规标准要求完成安装、测试和验收，

应急物资已配备到位。

⑤HSE 管理体系及配套管理制度、"三级"应急预案体系(综合、专项、现场)已制定并得到批准。

7)人员培训。

①所有相关人员已接受相关风险管控措施、试生产方案、操作规程、安全技术规程、应急预案等的培训,并考核合格。

②主要负责人和安全生产管理人员、特种作业人员和特种设备作业人员均已按照国家法规标准要求培训取证。

(3)确定日程安排。

试生产前安全审查的日程安排需根据被审查对象的具体情况而定,具体安排如下:

①根据项目建设进度及设备安装完成情况确定进场时间。通常在项目进度完成90%~95%时进入为宜。这时安装工作基本完成,一方面,通过现场审查可以了解工艺设备安装以后的情况,便于开展各项工作;另一方面,如果需要整改,项目组还有充足的时间去实施,在确保安全的同时,也不影响项目的进度。

②根据被审查对象的规模、复杂程度确定合适的工期。如果是单项的重大工艺设备变更,一般一天时间就够了;对于停产检修装置,则可能需要在现场审查一周甚至更长时间;对于规模大、工艺复杂且投运风险高的新改扩建项目,尤其是新建大型项目,试生产前安全审查小组需要在项目完成80%的设备安装以后就要考虑介入甚至进驻现场,按照设计文件(主要是工艺流程图和工艺管道及仪表流程图)核对现场已经安装的设备、管道、仪表、电气等,确认是否与设计一致。如此安排,既可以很大程度摊薄审查小组的工作负担,防止审查时间及审查任务过于集中,也有利于项目运行操作人员熟悉和掌握工艺系统。

(4)召开试生产前安全审查计划会议。

试生产前安全审查工作启动前,组长应召集所有组员召开启动会议。主要内容如下:

①介绍整个项目概况及建设进展情况。

②讨论优化并依据评审清单的内容明确组员的任务分工。

③明确进度计划。

④确认与其他相关方的协调机制以及所需的资源支持。

2.2.2.4 开展试生产前安全审查

小组成员应按照任务分工，依据审查清单的要求逐项进行审查。同时，将发现的问题形成书面记录并明确审查内容、地点、审查人。

试生产前安全审查分为现场检查和文件资料审查。现场审查主要依据审查清单对工艺、设备、管道、仪表、电气、公用工程设施、HSE 设备设施以及生产作业环境等进行目视检查，确认是否已经按照设计和国家相关法规标准要求完成了制造、安装及功能测试。文件资料审查主要依据审查清单对建设期的合规性资料和后续的运行维护准备资料进行查阅。

2.2.2.5 评审会议

试生产前安全审查完成后，组长需要组织所有成员召开审议会，依据审查清单对审查项的完成情况逐条讨论审查，对审查发现的问题必须确定哪些是"必改项"，即试生产前须解决的问题；哪些是"遗留项"，即可在投运后解决的问题。不管是"必改项"还是"遗留项"均应制订整改计划，必须包括但不限于整改措施、风险管控措施、整改责任人和完成日期。

2.2.2.6 编制初版报告

评审会议完成后，组长需要编制试生产前安全审查初版报告，记录审查清单中所有审查项的完成状态。已完成的审查项，需要记录完成的日期和负责完成的人员；未完成的审查项，需要记录计划完成的日期和负责人。为了便于整改，试生产前安全审查初版报告完成后，需要分发给相关人员。

2.2.2.7 跟踪闭环管理

只有初版报告中所有"必改项"全部完成整改后，被审查项目、装置或工艺设备才可以投产。属地负责人需要根据此报告，负责组织完成全部"必改项"，并按实际进度定期更新此报告，分发给相关人员。

工艺系统投产后，属地负责人还需要组织完成"遗留项"，验收合格后将完成日期补登到试生产前安全审查的审查记录和审查报告上。只有所有这些审查项都完成以后，试生产前安全审查工作才算真正结束。

2.2.2.8 编制终版报告

当审查清单中所有审查项都已完成并得到清晰记录，审查发现的所有必改项和遗留项都已整改完毕以后，需对试生产前安全审查报告进行最后一次更新，形成最终版本的审查报告。特殊情况时，终版报告可以在被审查项目、装置或工艺设备投产后编制，并且一直保存在工厂。

2.2.3 机械完整性(MI)

(1)概述。

工艺安全事故最基本的表现形式是"泄漏"。如果工艺系统能够"容纳"工艺物料，防止工艺物料非受控地从工艺设备或管道中泄漏出来，就不会造成灾难性的后果。因此，防止工艺物料或能量的意外"泄漏"是预防工艺安全事故的基本出发点。为避免因物料泄漏造成的工艺安全事故，工艺设备本身就应该具备设计所要求结构和功能上是完整的，始终处于安全可靠的受控状态。而建立有效的机械完整性管理就是实现上述要求的有效手段，通过在设备发生失效前进行危害因素识别、制定风险可接受标准和开展风险评价，根据评价结果采取相应的风险管控措施，防止设备事故的发生。

(2)管理流程。

机械完整性管理流程如图2-14所示。

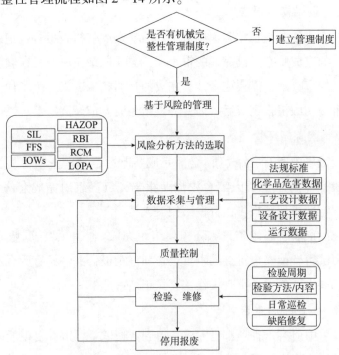

图2-14　机械完整性管理流程

2.2.3.1　建立相关管理制度

企业应建立并实施《机械完整性管理制度》及配套管理标准，包括但不限于下列内容：风险的管理原则；基于风险分析方法的管理要求和结果的验收标准；数据采集与管理的范围和途径；质量控制节点、控制手段和管控层级；各类型设备检维修策略、内容、周期和备件定额；日常巡检区域、内容、频次和应急处置要求；缺陷修复的检验及验收准则；停用报废的风险控制措施原则。

2.2.3.2　基于风险的管理

应在运行到报废的各阶段识别风险并评估其影响因素、后果及可能性，减少由于设计不合规和冗余性低，施工偏离标准规范偏离设计要求，操作维护管理不合理和质量低等导致存在难以消除的缺陷或者装置风险偏高的情况，使风险控制在可接受的水平。

基于风险的管理应遵循以下原则：

1）满足相关的法律、法规和标准规范要求。

2）数据采集、文件管理工作应涵盖从设计安装阶段开始到报废的全寿命周期，包括但不限：装置工艺设备设计信息、前期风险分析评估报告、施工验收数据、工艺运行数据、设备检维修数据等。

3）基于设备发生事故后可能对工艺流程的危害性、对人员的伤害性、对安全环保的影响程度和对产品质量影响严重程度，在风险识别的基础上制定明确的设备分类分级风险管理办法和针对不同分类分级设备的风险管理技术，规定清晰的适用范围、实施细则和时间节点。

4）依据风险管理策略与方法得出的结论，并根据运行状况、大修或装置新建、改造等情况，及时进行审定对设备进行重新分级，适时调整不同类别及分级设备的技术方案优化和决策。

5）基于风险的管理策略应与生产场所实际的操作经验和风险控制能力相符，覆盖工艺设备运行管理、维修保养、更新改造、报废拆除等方面。

6）建立针对完整性管理工作内容和效果的效能评价方法，对基于风险的管理过程进行监控，确保其实施的有效性和及时性，并通过评价不断改进完整性管理工作。

2.2.3.3　风险分析方法的选取

基于风险分析方法包括但不限于以下技术：

1）危险与可操作性分析（HAZOP）。通过结构化和系统化的定性分析或半定量评价，识别生产设备和工艺操作过程中的潜在危险与可操作性问题及其原因，确定正确的补救措施。

2）基于风险的检验（RBI）。主要通过识别损伤机理、损伤形态、受影响的材料、主要影响因素、易发生的装置或设备、主要预防措施、检测或监测方法、相关或伴随的其他损伤等，用于优化静设备的检验周期和检验方法，对工艺操作提出注意事项和监测项目。

3）以可靠性为中心的维修（RCM）。通过对动设备进行系统分析，识别潜在的失效模式、失效原因及其对系统（包括组件、系统或过程）性能影响，以获得消除或减少失效模式的最佳费效比，优化主动检维修任务，如预防性维护、预知性检修、故障查找。通常适用于动设备的功能故障分析，如压缩机、泵、风机等。

4）保护层分析（LOPA）。在定性危害分析的基础上，通常使用初始事件频率、后果严重程度和独立保护层（IPL）失效频率的数量级大小来近似表征场景的风险。评估保护层的有效性，并进行风险决策的系统方法，其主要目的是确定是否有足够的保护层使过程风险满足企业的风险可接受标准。

5）安全完整性等级（SIL）。用于验证从传感器到最终元件之间所有部件和子系统的实际安全仪表系统执行仪表安全功能达到了何种等级，是否满足设备的风险控制要求，实现既满足安全又避免误"动作"。

6）合于使用评价（FFS）。针对静设备预期的工况及环境、制造缺陷、服役过程中产生的缺陷或损伤存在超标缺陷（如腐蚀减薄、氢致开裂、氢鼓包、应力导向氢致开裂、蠕变损伤、低温脆性断裂凹陷等），评价在运行周期内是否威胁其运行安全，是延长静设备使用寿命的一种方法。

7）完整性操作窗口（IOWs）。通过预先设定并建立一些操作边界、工艺参数临界值，使操作或工艺严格控制在这些界定的范围内，起到预防设备提前劣化或发生突然破裂泄漏的作用，提高设备运行的可靠性。

2.2.3.4　数据采集与管理

完整性管理的信息系统包括静设备、动设备、仪表联锁系统、电气设备的使用管理、运行维护、检验修理、备品备件、更新报废等全过程管理。

信息管理范围应包括但不限于：

1）符合现行法规标准对设计、施工、投运、检维修、新改扩建和报废各阶段的数据要求，为机械完整性管理提供基础数据。

2）工艺设计资料。平面布置图、工艺流程图（包括工艺流程说明和工艺技术路线说明）、工艺化学原理、管道和仪表流程图、自控系统的联锁逻辑图及说明文件、紧急停车系统（ESD）因果示意图、消防系统的设计说明书等工艺技术信息资料。

3）设备设计资料。基础资料（包括设计依据、制造标准、设备结构图、安装图及操作维护手册或说明书等）、设备数据表（包括设计温度、设计压力、制造材质、壁厚、腐蚀余量等设计参数等）、设备的平面布置图、管道系统图、安全阀和控制阀的计算书、自控系统的联锁配置资料、安全设施资料（包括安全检测仪器、消防设施、防雷防静电设施等）等相关资料。

4）运行资料。通过采用信息化技术，满足数据采集、数据存储、数据分析等功能需求，用于日常的各项风险管理活动，及时掌握装置风险变化情况。

①压力容器、压力管道、锅炉、压缩机、泵、仪表联锁系统等现状风险分析报告。

②故障信息包括但不限于：功能故障模式、原因和影响，预计的故障率，潜在故障判据（包括功能故障或潜在故障可能的检测方法）和由潜在故障发展到功能故障的时间等。

③检维修记录包括但不限于：各类设备的检修计划和策略，所需人力、设备、工具、备件、材料等费用。

④历次事故记录及调查报告、现行操作规程和规章制度等相关资料。

2.2.3.5　质量控制

机械完整性管理的目标是提升生产过程的本质安全，降低运行过程中因设备腐蚀损伤、操作失误、联锁失效或误跳、漏检过检等因素造成的风险。

机械完整性管理重要的质量控制环节至少应包括：

1）设备分类分级风险管理办法应明确对见证点（R）、现场见证点（W）、停工待检点（H）进行检查见证。

2）运行期以可靠性为中心的修理计划与方案的制定，基于风险的检维修周期与检验策略制定，基于风险分析的备品备件管理措施制定，更新或改造的风险分析。

3)发现检修过程中存在重大质量事件隐患或发生质量事件时,原则上符合下列情况之一的应停工整改。

①安装在设备/系统上的材料、零部件与设计、采购或合同技术规范不符,零部件或组件不能按照装配图、标准规范进行安装。

②材料、零部件、组件或结构已损坏或在超出设计条件的状态下工作。

③零部件或组件出现超过标准规范、使用说明书规定的非正常损伤等情况。

④备品备件或加工件存在材料与设计材料不符或尺寸超差。

⑤使用非正常维修手段破坏设备零部件或破坏设备的完整性。

⑥设备零部件或组件配合或安装数据超出检修方案规程等文件规定的标准。

⑦因维修操作不当产生设备零部件或组件损伤。

2.2.3.6 检验、维修

(1)一般要求。

1)压力容器、压力管道、常压容器/储罐及其安全附件的检(校)验周期应满足国家、行业标准规范的要求,通过基于风险分析评估动态调整装置停工检验周期和检维修策略。

2)建立风险评价准则(明确静设备、动设备、仪表联锁系统等各类型设备的可接受水平),使用合适的风险分析方法客观科学地评价识别的风险,评估每一个潜在事件发生的可能性和后果,并考虑现有风险控制措施的有效性及其失效的可能性和后果。

3)应采用有效风险管控措施从减小失效可能性和/或失效后果两方面综合考虑,按照消除、削减、控制和预防顺序选择降低风险评价结果中的不可接受风险。

4)风险管控措施包括但不限于调整安装部位、优化工艺条件、增加在线监测/检测、完善维护和修理方式方法等手段。

(2)检(校)验周期。

1)可结合压力容器、压力管道的失效模式、失效后果、运行管理情况等情况,评估压力容器和压力管道的实际风险水平,以风险处于可接受水平为前提制定检验策略,包括检验时间、检验内容和检验方法,检验周期最长不得超过其剩余使用年限的1/2,并且不得超过9年。

有下列情况之一的应当适当缩短定期检验周期：

①介质或者环境对材料的腐蚀情况不明或者腐蚀减薄情况异常的。

②具有环境开裂倾向或者产生机械损伤现象，并且已经发现开裂的。

③改变使用介质并且可能造成损伤情况恶化的。

④材质劣化现象比较明显的。

⑤使用单位未按照规则规定进行年度检查的。

⑥基础沉降造成管道挠曲变形或设备倾斜风险等影响安全的。

⑦检验中对其他影响安全因素有怀疑的。

2）常压储罐按不同部件最大腐蚀速率和剩余使用寿命，分别确定检验内容和方法。也可以通过风险评价，在满足降低风险的要求下根据不同损伤机理选择合理的检验有效性，降低检验成本。

3）安全阀的校验周期通常是 1 年，也可以通过满足相关技术管理条件来调整校验周期，根据风险等级与排序，其校验周期最长可以延长至 5 年。具体可按照 TSG 21—2016《固定式压力容器安全技术监察规程》执行。

安全阀检查时，凡发现以下情况之一的，使用单位应当限期改正并且采取有效措施确保改正期间的安全，否则暂停该压力容器使用。

①选型错误的。

②超过校验有效期的。

③铅封损坏的。

④安全阀泄漏的。

（3）检（校）验方法、内容。

1）压力容器和压力管道检验应依据设备的失效模式和损伤机理来确定检验方法，具体按照 GB/T 26610.1–5—2011《承压设备系统基于风险的检验实施导则》的要求执行。

2）常压储罐的评估与检测按照 GB/T 30578—2014《常压储罐基于风险的检验及评价》和 SY/T 5921—2017《立式圆筒形钢制焊接油罐操作维护修理规范》执行。

3）动设备检验、检测内容包括但不限于以下内容：报警联锁系统测试、润滑油"五定三过滤三清洁"及定期检验、定期切换试运、基本运行状态监测和大型机组状态监测与故障诊断等。

4）仪表检验、检测内容包括但不限于以下内容：外观检查、示值检测、密封检测、供电检测、接线检测、可燃有毒报警器与分析仪表定期标定/检定，联锁回路定期校验、控制仪表系统功能测试，SIL 评估、定级、验证等。

5）电气设备检验、检测内容包括但不限于以下内容：电机的状态监测、电气设备预防性维修及试验、电气设备红外检测和防雷防静电检测等。

（4）日常巡检。

根据风险评价和完整性评价等结果，结合相关管理规定，明确装置、罐区日常巡护的内容、频次、重点部位和标准要求，重大危险源、高风险区域、高后果区和隐患点应作为巡护的重点。对发现的异常和隐患变化情况应及时记录和上报，并跟踪处理结果。

（5）缺陷修复。

根据缺陷的性质、缺陷产生的原因，以及缺陷的发展预测在评价报告中给出明确的评定结论，说明缺陷对设备安全运行的影响。无法通过管控措施将风险降至可接受水平或缺陷安全评价结果为不可接受缺陷的，应制定合理的修复方案，采取改造、维修、更换和报废降低风险或修复缺陷。

应急状态下的缺陷抢修，应制定应急抢修程序，详细规定安全措施和抢修工艺。

2.2.3.7 停用报废

（1）停用与重新启用。

设备拟停用 1 年以上的，应当采取与系统物理隔离、防腐和切断能量源等措施封存设备并有停用标识，并在停用后 30 日内向登记机关办理报停手续，将使用登记证交回登记机关；重新启用时，应在定期检验合格后到登记机关办理重新启用手续。

（2）报废。

设备存在严重事故隐患，且无改造、维修价值，或者超过相关法规、规范规定的最长使用年限，应当及时予以报废，并按相关规定办理注销手续。

2.2.4 设备变更管理（EMOC）

管理的目的、价值和意义、管理流程参见第 2.1.4 节"工艺变更管理（PMOC）"。

2.2.4.1 建立相关管理制度

同第 2.1.4.1 节。

2.2.4.2　变更的类型

设备变更的类型主要包括：

1)工艺设备设计依据的改变。

2)设备安全装置及仪表控制系统的改变。

3)设备技术改进或材质、结构、规格型号、技术参数、供应商等的改变。

需要注意的是，装置设计或正常生产控制范围内设备负荷的调整、设备维护保养和检修等不属于变更管理的范围。另外，不宜把影响设备运行风险的非直接行动都纳入变更管理范畴，否则，变更管理的范畴将无限扩大化，生产可能寸步难行。

2.2.4.3　变更的分级

重大设备变更是指涉及设备设施功能、设备安全装置及仪表控制系统，影响设备设施主要性能参数(也包括设备可靠性和使用寿命等)的材质、结构、规格型号、供应商等改变的变更，即"超出现有设计范围的变更"。和重大工艺变更类似，必要时，重大设备变更前也需要开展技术及实施可行性的审查、进行危害分析。

一般设备变更是指影响较小，不造成设备任何性能参数及其控制方案的改变，但又不是重大变更和同类替换的变更，即"在现有设计范围内的改变"。

同类替换是指符合原设计规格的更换，对安全影响极小，不需要执行变更审批程序。但要注意，符合原设计的同型号、同规格、同一厂家生产的设备或零部件属于备品备件，而非同类替换。同类替换可以这么理解——对于没有同类装置运行经验可供借鉴的全新装置，非备品备件范围内的合格标准设备的同类型更换应纳入同类替换清单，除此之外的同类替换清单开始可以为空；重大变更和一般变更经过实践证明完全满足原设计性能指标要求的，可以逐步移入同类替换清单。

临时变更、紧急变更同第2.1.4.3节。

2.2.4.4　变更的申请与审批

参见第2.1.4.4节。

2.2.4.5　变更的实施

变更申请被批准后就进入了实施阶段，通常情况下，在变更实施前，按照变更管理制度的要求，还应开展一些必要的工作(如更新设备结构图、主要性能参数表、控制逻辑图等工艺安全信息，修订操作规程，培训相关员工，采取必要的风险控制措施等）。

其他管理内容参见第2.1.4.5节。

2.2.4.6 变更的关闭与存档

参见第2.1.4.6节。

2.3 人员管理

大量历史事故案例表明，在很多事故发生之前，操作员工并未及时发现事故初期的端倪，或者虽然发现了隐患所在，但不知道如何应对或采取了错误的应对措施；甚至还有一些事故的发生是操作员工违规违章导致的。出现第一种情况的一个根本原因就是操作员工事先没有获得必要的能力评估与培训，对生产及操作过程中存在的风险及应对措施不掌握；而出现第二种情况的一个重要原因是没有通过培训、实践及配套机制转变操作员工的安全观念、培养形成良好的行为习惯。因此，对于任何一家企业来说，人员管理都是安全管理的重要组成部分，高素质员工及其所掌握的专业知识和技能，所具备的良好意识和习惯，都是企业至关重要的资产。企业应想方设法将合适的人员配备到合适的岗位上，并让其从事合适的工作，从而实现"人适其位，位得其人"。本节参考AQ/T 3034—2010《化工企业工艺安全管理实施导则》的主体框架，结合危化品企业工艺安全管理的生产实践，对人员管理中的能力评估与培训、承包商管理两个关键要素进行分析、解读，以帮助企业认识这两个要素的内涵及价值所在，从而理解开展人员管理的内容要求及必要性，明确人员管理的要点和核心，消减因人的因素造成不必要的工艺安全事故，达到工艺安全管理的风险受控目的。

有效的培训可以帮助员工认知工艺生产系统存在的危险源、危害因素及其可能导致的后果，并且掌握正确方法来避免事故的发生或减轻事故发生时的后果严重度，同时，认知和实践过程中不断提高面对风险的嗅觉和敏锐性，培养正确的安全理念、应变思维和行为习惯。而有效的能力评估既可以对员工的能岗匹配度作出准确的判断，还可以强化落实全员的安全生产责任制，同时作为员工奖惩、任用、晋级的依据。因此，能力评估与培训是实现工艺生产系统安全平稳运行必要且不可或缺的一个环节和手段。第 2.3.1 节将从能力评估与培训的管理流程、岗位知识技能需求识别、履职能力评估、制订并落实培训计划、培训效果考核评价等方面对能力评估与培训这一要素进行分析、解读。

除了自有人员外，承包商团队对于每个危化品企业也是必不可少的，装置规划设计、施工安装、运行维护、检修改造等全生命周期几乎都离不开承包商队伍的支持。采用专业化的承包商服务还可以提高效率、节约成本。当然，企业在享受承包商服务的同时也必然面临着如何有效管理好承包商的问题。第 2.3.2 节将从承包商的管理流程、承包商的资质预审、承包商选择、合同签订开工前准备、作业过程监督、承包商绩效考评等多个方面对承包商管理要素进行分析、解读。

2.3.1　能力评估与培训

（1）概述。

《安全生产法》规定："生产经营单位的主要负责人和安全生产管理人员必须具备与本单位所从事的生产经营活动相应的安全生产知识和管理能力"，"生产经营单位应当对从业人员进行安全生产教育和培训，保证从业人员具备必要的安全生产知识，熟悉有关的安全生产规章制度和安全操作规程，掌握本岗位的安全操作技能，了解事故应急处理措施，知悉自身在安全生产方面的权利和义务。未经安全生产教育和培训合格的从业人员，不得上岗作业"。同时，在安全生产"严监管、零容忍"的新常态下，AQ 3013—2008《危险化学品从业单位安全标准化通用规范》提出"全员培训、终身教育"的目标和观念。

危化品企业中，无论是对新员工入厂前的三级安全教育、岗位练兵、特种作业人员的取证培训、主要负责人和安全管理人员的安全培训、从业人员定期的能力提升培训或再培训等各种各样形式的教育培训，都是旨在确保从业人员的"能岗匹配"。在海量历史事故案例的事故致因理论分析统计数据中，据不完全统计，人的不安全行为所导致的生产安全事故占事故总数的80%以上，由此可见"能岗匹配"的至关重要性，也由此证明执行"安全是聘用的必要条件"的重要性。

（2）管理流程。

培训管理流程如图 2-15 所示。

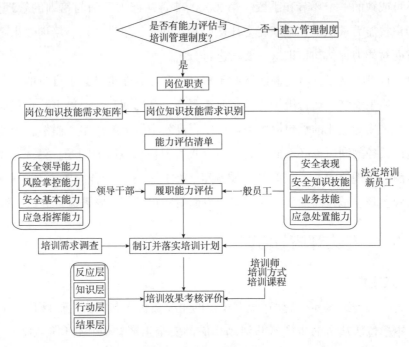

图 2-15　培训管理流程

2.3.1.1　建立相关管理制度

企业应建立并实施《能力评估与培训管理制度》，通过系统、规范和有序、有效的教育培训推动员工职业生涯的不断进步、员工队伍素质的持续提升，进而实现工艺安全管理绩效的持续改进。

《培训管理制度》具体内容可包括"目的、适用范围、术语和定义、规范性引用文件、职责划分、培训的分类与形式、培训的内容要求、培训的管理要求（需求分析、计划制订、计划实施、效果考核评价、师资管理、课件管理、证书及档案管理、持续改进）、培训的资源需求等"。

2.3.1.2　岗位知识技能需求识别

AQ/T 3034—2010《化工企业工艺安全管理实施导则》第 4.4.1 条规定："企业应根据岗位特点和应具备的技能，明确制订各个岗位的具体培训要求。"实操中，企业首先应基于自身的生产业务及管理需要、组织机构设置及岗位职责分工，根据国家法律法规、标准规范甚至企业自身管理制度要求，梳理出各层级、各岗位的知识技能培训需求矩阵（见表 2-11），明确哪些岗位必须持证（资格证书）上岗，包括证书的类型、培训或发证机构的资质要求等；哪些岗位上岗前必须经培训考核合格，包括培训的内容要求、考核的方式等；哪些岗位上岗前必须经能力评估合格，包括评估内容或清单要求、评估者资格要求等。危化品企业在生产安全方面的常见培训需求如表2－12所示。

表2－11　某基层班组长岗位知识技能培训需求矩阵

能力类型	培训内容	培训课时	培训周期	掌握程度	培训方式
基本知识	中华人民共和国安全生产法	2	3年	1	M1
	中华人民共和国职业病防治法	2	3年	1	M1
	危险化学品安全管理条例	2	3年	1	M1
	公司安全管理制度	2	3年	2	M2
	……				
业务能力	岗位职责(工作职责、HSE职责)	2	3年	2	M2
	业务基础知识	4	3年	3	M2
	操作技能	4	3年	3	M5
	……				
安全能力	通用安全知识	4	3年	3	M2
	个体防护	6	3年	3	M2
	……				
应急能力	自救互救	4	3年	3	M5
	应急处置	4	3年	3	M2
	……				
……					

注：M1—课堂培训不考试；M2—课堂培训及考试；M3—会议形式；M4—学习讨论；M5—实际操作；M6—网络培训。掌握程度：1—学习知晓；2—独立应用；3—指导他人。

表2－12　危化品企业生产安全常见培训需求

培训对象	培训内容	培训标准	备注
主要负责人和安全生产管理人员	①政策、法规、标准、制度、规程；②安全基础理论、工具、方法和基本知识；③本行业或本单位的生产及安全知识；④沟通、协调、组织、管理能力	①取得安全资格证书；②危险物品的生产、储存单位应当有注册安全工程师	①持证上岗；②危险物品的生产、经营、储存单位的相关人员由主管的负有安全生产监督管理职责的部门来考核

续表

培训对象	培训内容	培训标准	备注
从业人员	入厂教育、车间教育和现场教育的三级教育和培训。包括：①政策、法规、制度、规程；②生产过程中的危害因素、预防事故的基本知识、个人防护用品的使用和事故报告程序等；③生产过程中的权利和义务；④特殊岗位的安全生产知识和操作要求等	能岗匹配	持证上岗
电工作业、焊工作业、高处作业、危化品安全作业等11类作业人员	国家相关标准(考试大纲/考核规则)	取得特种作业人员资格证	持证上岗
锅炉、压力容器(含气瓶)、压力管道、电梯、起重机械、场(厂)内专用机动车辆等特种设备安全管理人员、操作人员	国家相关标准(考试大纲/考核规则)	取得特种设备安全管理人员、操作人员资格证书	持证上岗
危化品道路运输企业的驾驶人员、装卸管理人员、押运人	国家相关标准(考试大纲/考核规则)	取得危险化学品运输人员资格证书	持证上岗

2.3.1.3 履职能力评估

《安全生产法》确立了"以人为本，安全发展"的基本理念。安全生产的核心是人的问题，归根结底，良好的绩效是由员工实现的，事故也是员工生产或管理出来的，作为能力评估中的重要一环，员工的安全履职能力决定了企业能否确保安全风险受控，而对于管理人员，其安全履职能力更是决定了企业安全管理的高度。

履职能力评估是指员工能力素质与所在岗位能力要求之间的差异分析与评估，为确保企业员工胜任其岗位，一般情况下建议企业每年至少开展一次员工履职能力评估(也可以是专项的安全履职能力评估)。评估可以由企业自行组织、逐级评估，也可以委托行业内的独立第三方专业机构组织实施。评估前宜分层级、分岗位编制好有针对性的能力评估清单；评估应做到客观公正、记录清晰，结果与实际相符，员工清楚自己的能力状况和提升方向；直线领导应把关评估质量，并合理运用评估结果，如与干部任用和岗位调整挂钩、根据评估结果制订针对性培训计划并与员工沟通；对评估出的不合格人员应妥善处置，规避不合格人员能岗不匹配情况的出现。本手册侧重从安全履职能力角度进行解析。

(1)评估对象及内容。

1)领导干部(管理人员):主要从安全领导能力、风险掌控能力、安全基本能力和应急指挥能力四个方面进行评估。

安全领导能力:具备示范、引领、指导、授权直接下属为实现组织安全目标、指标而重视安全并采取有效行动的能力。主要体现在具有安全感召力、先进的安全管理理念、遵纪守法的红线意识和底线思维,主动承诺并重视安全工作,亲自制订并严格落实个人安全行动计划,有效履行岗位安全职责等。

风险掌控能力:具备组织辨识、评价、管控属地和业务管理范围内安全风险的能力。主要体现在定期有效组织分析业务管理范围内安全风险和发展趋势,有效组织督促检查、审核发现问题的闭环整改,及时采取风险管控措施和隐患治理措施,控制和消除安全风险和隐患。

安全基本能力:掌握满足本岗位履职所需的基本安全知识技能。主要体现在熟悉工作中常用的安全生产法律法规、标准规范和基础安全知识技能,正确运用安全观察与沟通、工作安全分析(Job Safety Analysis,JSA)等基础性的工具方法,重视办公室安全和工作外安全等。

应急指挥能力:是对紧急情况或者突发事件的预测和预警、事发应对、事中处置和事后恢复等全过程的掌控能力。主要体现在组织制定并实施事故应急救援预案,组织或者参与应急救援演练,事故事件发生后具备较强的组织、协调、指挥、处置能力,能够正确指挥有限的应急力量控制事态发展、减少财产损失、保护生命安全。

领导干部(管理人员)安全履职能力评估清单见表2-13。

表2-13 领导干部(管理人员)安全履职能力评估清单

能力类别	序号	评估提纲	评估内容
安全领导能力	1	安全理念	1. 您是怎么理解"以人为本"的理念的?生产中如何践行? 2. ……
	2	有感领导	1. 通过哪些方式践行有感领导? 2. 请展示您的个人行动计划和兑现历程。 3. 请阐述您对安全观察与沟通的理解和应用。 4. ……

能力类别	序号	评估提纲	评估内容
安全领导能力	3	安全职责	1. 在履行您的岗位职责过程中主要安全风险点在哪里？如何掌控？需要掌握哪些知识技能？ 2.……
	4	安全目标指标	1. 您单位的安全目标指标从何而来？如何落实于生产？ 2. 您单位的安全管理存在哪些短板？针对短板制订了哪些改进计划和措施？ 3.……
风险掌控能力	5	双重预防机制建设（风险分级管控和隐患排查治理）	1. 您对双重预防机制建设是怎么理解的？您单位是怎么推动落地的？请举例阐述您的建设思路。 2. 您单位的主要安全风险有哪些？您为这些风险的消除、削减、控制措施提供了哪些管理及资源方面的保障？ 3. 根据您单位的生产实际，您认为怎样才能有效排查隐患？重点与难点在哪里？如何才能实现隐患的有效治理并防范同类隐患的再次出现？ 4.……
	6	作业安全	1. 您单位日常生产中存在哪些高风险作业？哪些作业必须办理作业许可证？请举例说明作业许可管理流程。 2.……
	7	承包商管理	1. 您分管业务范围内的承包商有哪些？如何有效管理承包商？您主要做了哪些工作？ 2.……
	8	安全监督检查	1. 与您主管业务相关的主要安全监督检查制度有哪些？ 2. 制定了哪些措施保障上述制度的执行到位？重点与难点在哪里？ 3.……
	9	事故事件管理	1. 您单位对事故/事件管理有什么要求？对经验分享有什么要求？ 2. 您参与过哪些生产安全事故事件调查、分析？是如何找到事故管理原因的？请举例说明。 3.……

续表

能力类别	序号	评估提纲	评估内容
安全基本能力	10	能力评估、培训与考核	1. 您了解您下属员工的能力状况和短板吗？是如何了解到的？ 2. 您单位开展过安全履职能力评估吗？是如何开展的？评估结果有应用吗？请说明一下思路流程。 3. 您亲自对下属员工做过哪些培训？培训主题是怎么确定的？ 4. 您单位的安全绩效考核机制是如何有效运作的？请说明一下执行思路。 5. ……
	11	法律法规及标准规范	1. 您日常工作中常用的法律法规、标准规范有哪些？请举例说明其生产应用。 2. 如何理解合规管理？为了实现合规管理，您单位做了哪些工作？ 3. ……
	12	工作外安全	1. 办公室/家里、上下班途中的不安全因素有哪些？您是怎么防范的？ 2. ……
应急指挥能力	13	应急管理	1. 您的应急管理职责是什么？您主管业务范围内有哪些专项应急预案和现场处置方案？请举例说明其应急响应流程。 2. 您在组织或参与应急演练过程中重点关注哪些方面？演练后是否进行评估？提供了哪些资源保障？提出了哪些改进要求？请举例说明。 3. ……

2）一般员工：主要从安全表现、安全知识技能、业务技能和应急处置能力四个方面进行评估。

一般情况下除对在职员工每年开展一次安全履职能力评估外，对调整或提拔到生产、技术、设备、安全等关键岗位的人员，应及时进行安全履职能力评估；在新入厂、转岗和重新上岗前，应依据新岗位的安全能力要求进行培训，并进行入职前安全履职能力评估。

（2）评估维度。

安全业绩：根据分管业务发生的安全事故情况、各单位或部门上一年度的安全绩效考核结果等进行综合评估。

安全知识技能测试：测试内容包含安全基础知识、案例分析及现场实操模拟等。

沟通访谈：一般情况采取一对一、上级评估下级，或者由独立第三方专业机构专业评估人员面对面的方式进行沟通访谈。

2.3.1.4　制订并落实培训计划

所谓培训，就是"为建立能力而进行的知识和技能的有效交流"。培训的目的是使个人具备完成其所负责任而必须具备的意识、理解力、知识和技能。企业为了顺利开展生产业务、实现安全可持续发展，就需要采取各种方式对员工进行有目的、有计划的培养和训练，以使员工不断提升能力及意识、转变观念、养成良好安全习惯，全员持久的、可传承的安全价值观、良好意识和行为习惯，就会孕育出先进的企业安全文化。

企业开展培训的具体实施步骤如下：

(1)培训计划制订。

建议企业将培训计划按照管理权限分为 A、B、C、D 四类。

1)A 类培训(企业年度培训)：企业各部门组织全体员工参加的培训。A 类培训计划由企业培训管理部门于上一年年底制订。在 A 类培训计划的制订过程中需要整合各部门、各基层单位的年度培训计划，根据培训的重要程度和对培训的需求程度(包括对履职能力评估结果的分析)，与申报单位协商后，编制企业年度培训计划，经企业主要负责人批准后执行。

2)B 类培训(取证培训)：需严格落实国家、地方、行业法律法规与标准规范中的各层级培训取证要求。一般由企业培训管理部门牵头组织，统一汇总各基层单位、各管理部门培训取证人员名单，并定期组织实施。

3)C 类培训(部门年度培训)：企业各部门组织并指定员工参与的培训。C 类培训计划的制订过程中需整合培训需求分析结果。C 类培训由企业各部门制订并组织实施，报培训管理部门备案。

4)D 类培训(基层单位年度培训)：企业基层单位组织员工参加的培训。D 类培训计划制订过程中，基层单位应根据岗位知识技能需求矩阵、员工履职能力评估结果及培训需求调查结果，每年年底完成下一年度员工培训计划，报培训管理部门备案。

(2)培训计划实施。

1)培训资源保障：企业应为培训计划的实施提供必要的资源保障，自培训计划发布后，相关培训组织部门/单位应着手开展培训准备工作(财力支持、师资遴选、课程开发、场地安排等)，保障培训正常开展。

2）培训课程开发：培训师应按照培训计划的要求开发针对性培训课程（包括课件和试题等），明确培训目标和主要培训内容，课程应贴近生产实际需求并易于理解和应用。

3）培训过程跟踪：组织培训的部门/单位应综合考虑培训的目的、内容、重要性及需要投入的人力、物力、财力等资源需求，跟踪培训计划的实施过程，及时调整培训师资、培训内容或培训方式等。

4）培训师资：企业应建立制度和机制鼓励各级生产、安全管理人员和技术骨干成为兼职培训师，兼职培训师应根据企业岗位知识技能需求矩阵的内容编制培训课件及试题。如果条件许可，企业可以逐步建立分类（岗位类别）或分岗位、分层级、分阶段的培训课程库。

（3）培训记录保存。

企业应保存好员工的培训记录，包括员工的身份信息、培训时间、培训内容和考核成绩等。企业应以纸质或电子形式建立起个人培训档案，严格管理档案。

2.3.1.5　培训效果考核评价

培训效果考核评价是验证培训实施的作用与效果，利用能力评估与考核评价所得数据以评估并改进培训质量，对培训实现有效控制。培训效果考核评价由浅到深可以分为反应层、学习层、行为层、结果层四个层次。

（1）反应层。

反应层即受训人员对培训项目的反应和评价，是培训效果考核评价中的最低层次。它包括对培训的整体满意度以及对培训师、培训内容及教材、培训组织及安排等的满意度。反应层评价可通过调查问卷的方式开展。调查问卷具体示例可见表2－14。

表2－14　调查问卷

课程：		日期：				
单位：		地点：				
序号	整体满意度	很好				很差
1	您对本次培训的整体满意度是	5	4	3	2	1
2	您觉得本课程的难易适合度是	5	4	3	2	1
3	本次培训的哪些方面是您最喜欢的？					
4	本次培训的哪些方面是您最不喜欢的？					

序号	培训师	很好				很差
5	对培训课题有深入的研究，说服力强、可信度高	5	4	3	2	1
6	所举例子具有实战意义和可操作性	5	4	3	2	1
7	授课方式生动并能吸引您的注意力	5	4	3	2	1
8	和学员之间有良好的互动	5	4	3	2	1
9	您对授课老师还有哪些建议？					
	培训内容和教材	很好				很差
10	培训内容与您需求的匹配度	5	4	3	2	1
11	教材专业性	5	4	3	2	1
12	教材展示/表现形式	5	4	3	2	1
13	您对培训内容和教材的改进有什么建议？					
	延伸情况	很好				很差
14	培训之前您的主管和您讨论过这个课程的重要性吗？	5	4	3	2	1
15	整个培训的时长	5	4	3	2	1
16	整个培训的节奏	5	4	3	2	1
17	和您以前所参加的其他培训相比，您认为这次培训的价值	5	4	3	2	1

（2）知识层。

知识层的评价主要测定学员对培训内容的吸收掌握程度。知识层评价可通过"学员培训总结报告/主题论文、书面笔试、实操测试、研讨交流"等方式开展。

（3）行为层。

行为层是测量学员对培训所学知识技能的应用转化程度，评价学员的工作行为有没有得到改进提升。行为层评价可通过学员的上级、下属、同事和学员本人对接受培训前后的行为变化进行评价。

（4）结果层。

结果层用来评价上述（反应层、知识层、行为层）变化对组织发展带来的可见的和积极的作用，可通过事故率、成本收益、个人或单位的业绩等绩效数据的变化来衡量。

通常情况下，企业车间级/站队级、班组级培训需要进行反应层与知识层评价，并选择性进行行为层、结果层评价；而厂级/公司级培训需进行行为层与结果层评价。培训管理部门应根据培训效果考核评价的结果进行汇总分析，评价培训质量以及需要持续改进的问题，并针对问题采取适当的改进措施。

2.3.2 承包商管理

（1）概述。

承包商是指合同情况下的供方，即由业主雇佣来完成某些工作或提供某些服务的个人或单位。AQ/T 3012—2008《石油化工企业安全管理体系实施导则》第7.2条对从"承包商的资质预审"到"承包商的安全表现评价"等承包商的全过程管理提出了明确要求。旨在通过对承包商进行安全监督检查和绩效考核评价，全面有效地识别和控制承包商履约过程中的各种风险，及时发现并纠正承包商在履约过程中出现的与法律法规、标准规范以及业主单位制度规程之间的偏差，从而制定更加科学合理的风险控制措施，降低和控制承包商履约过程中产生的风险，并推动承包商管理的持续改进及承包商的优胜劣汰。

（2）管理流程。

承包商管理流程如图2-16所示。

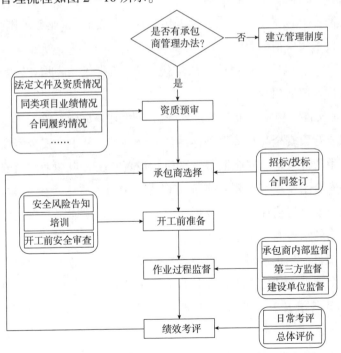

图2-16 承包商管理流程

2.3.2.1　建立相关管理办法

企业应建立并实施《承包商管理办法》，规范承包商的管理和行为，使其遵守国家、地方、行业及企业的相关管理要求，保证承包项目的顺利实施，降低和控制承包项目实施过程中的各种风险。

《承包商管理办法》具体内容可包括"目的、适用范围、术语和定义、规范性引用文件、承包商分类分级、职责划分、承包商管理要求(资质预审、承包商选择、合同签订、开工前准备、作业过程监督、承包商安全绩效考评)等"。

管理办法中应明确承包商分类分级的原则或判据；应根据承包商的分类分级，明确不同职能部门和单位的管理职责及边界，努力实现无遗漏、无交叉、无错位、界限明晰的职责划分。

另外，有必要分类分级统一规范承包商全过程管理所使用到的记录与表单模板。

2.3.2.2　资质预审

企业应对进入的承包商进行资质预审，逐步建立企业所认可的承包商名册。主要审查内容包括但不限于：

1)企业简介。包括企业性质、发展历程(历史变革)、业务范围、资质等级、技术人员和技术装备情况等。

2)法定文件。包括营业执照、法定代表人(负责人)证明、安全生产(施工)许可证、银行资信证明等。

3)QHSE 文件。包括 QHSE 监督管理组织机构、安全资质、质量管理体系认证证书、职业健康安全与环境管理体系认证证书等。其中，安全资质审查主要内容包括安全生产许可证、安全监督管理机构设置、HSE 或职业健康安全管理体系认证证书、安全生产投入保障和主要负责人、项目负责人、安全监督管理人员、特种作业人员安全资格证书，以及近三年安全生产业绩证明等有关资料。安全资质审查不合格的承包商禁止办理准入。

4)资质文件。根据所承接业务范围，提供具有法定效力的专业资质证书等。

5)其他材料。主要管理人员和技术人员名单及其职称证书、资格证书，特殊工种从业人员名单及其上岗证，主要设备设施清单，近三年相关业务主要业绩等。

2.3.2.3　承包商选择

满足资质预审要求的承包商方可参加招投标，其中上一年度承包商安全绩效考评结果将作为本年度承包商选择的重要依据。通常情况下，选择承包商时由业务及安全主管部门审查承包商是否具备承担项目的能力。

（1）招标。

一般情况下，招标分为公开招标和邀请招标，招标单位应当根据项目情况在招标文件中提出技术、质量、健康、安全、环保相关要求、应执行的标准规范、人员的专业素质要求等，以及项目可能存在的健康安全环保风险等。具体内容如下：

1）明确项目范围、工作内容、资金来源等。

2）明确项目的技术、质量、健康、安全、环保相关要求（如项目执行中应执行的法律法规、标准规范，对项目安全绩效的期许和要求等，可以看作是验收标准的组成部分）。

3）明确项目实施队伍及关键岗位人员应具备的各项能力（包括资源需求）。

4）明确对投标人资质预审的标准。

5）明确投标人的投标报价要求和评标标准等所有实质性要求和条件。

6）明确拟签订合同的主要条款。

（2）投标。

投标人应根据招标文件要求编制投标文件，投标文件应包括施工作业过程中存在风险的初步评估、安全技术措施和应急预案、健康安全环保费用项目清单及使用计划。

2.3.2.4　合同签订

招标人除应按照招标文件和中标人的投标文件与中标人订立书面业务合同外，还应根据承包商履行业务合同可能面临的作业风险及规避风险所需采取的安全控制措施与承包商签订安全合同（或 HSE 协议），安全合同应当与业务合同同时谈判、同时报审并同时签订，安全合同应包含以下内容：

1）项目概况。对项目范围、工作内容、技术及安全要求的基本描述。

2）项目适用的与安全管理有关的法律法规、标准规范及应遵循的业主方规章制度。

3）项目实施过程中的主要危害因素、风险削减及控制要求。

4）甲、乙方的安全管理边界、责任、权利与义务（涉及第三方监理监督时，应当包括监理监督）。

5）甲、乙方安全教育培训的要求。

6）甲、乙方安全监管人员及工作要求。

7）甲、乙方有关高风险作业及作业许可的要求。

8）甲、乙方有关变更管理的要求。

9）甲、乙方有关应急管理的要求。

10）甲方对乙方的事故报告、调查和处理要求。

11）甲、乙方的安全投入要求。

12）甲、乙方安全违约责任及处理办法。

13）其他有关安全生产方面的事宜。

两个及以上承包商在同一作业区域内进行施工作业，彼此可能危及对方施工安全的，在施工开始前建设或属地单位应当组织相关承包商互相签订安全生产协议，明确各自的安全管理边界、职责和应当采取的安全控制措施，并指定专职安全监督管理人员进行安全检查与协调。

2.3.2.5　开工前准备

1. 安全风险告知

建设单位项目管理部门和属地单位应提供符合规定要求的安全生产条件，并对承包商进行安全风险告知，主要包括项目施工过程中存在的危害因素、已采取的风险控制措施、施工现场及毗邻区域内的作业环境情况等。

2. 培训

（1）承包商内部培训。

承包商应履行内部教育培训的职责，根据项目履约所面临的作业风险及安全施工的需要，编制针对性的安全教育培训计划，入厂（场）前对参加项目的所有员工进行培训，重点培训项目履约须遵循的法律法规、部门规章、标准规范和安全作业指导书（或操作规程）、安全技术措施和应急预案等内容。承包商应保存好上述培训记录，记录应包括个人信息、培训内容、培训时间、考核情况等内容，并在项目实施前将培训和考核记录报送建设单位备案。

（2）建设单位培训。

建设单位项目主管部门应组织对承包商项目主要负责人、分管安全生产负责人、安全管理机构负责人和安全监督管理人员进行专项安全培训，培训内容主要为建设单位安全管理规定、制度，考核合格后，方可参与项目施工作业。同时，建设单位应审查承包商特种设备作业人员和特种作业人员等持证上岗人员的相关资格证书。

(3)属地(基层)单位培训。

属地(基层)单位应当对进入现场施工的所有承包商人员进行作业前的安全教育培训，考核合格后，发给入场许可证，并向建设单位安全部门备案。培训内容至少应包括：现场基本情况、存在的重大风险点(源)、作业风险及管控措施、禁止进入或必须由属地(基层)单位陪同指导进入的区域、应急逃生路线和应遵守的属地单位安全管理规定等，如与项目相关的高风险作业/高危作业安全管理标准。

3. 开工前安全审查

入场前或施工开始前，承包商应根据合同内容要求完成如下工作：

1)按规定编制完成施工组织设计(施工方案)、HSE 作业计划书并获得建设单位批准。

2)按规定编制完成应急预案并通过建设单位批准。

建设单位项目管理部门和属地(基层)单位应当在入场前或施工开始前组织承包商进行开工前安全审查，确保施工方案、HSE 作业计划书和应急预案中的各项安全措施得到有效落实，开工前安全审查应至少包括以下内容：

1)人：①承包商关键岗位人员与投标文件相符且能力经评估合格；②作业人员培训合格，持证上岗；③高危作业有合格监护人；④劳保着装和基本的安全防护装备已到位；⑤……

2)物：①能量隔离/上锁挂签及测试完成，安全作业条件确认具备；②安全设施和必要的消防、职防、气防设施准备到位；③所有施工工器具和设备在投入使用前检查合格，贴上目视化标签；④……

3)环境：①作业环境确认满足安全作业要求，如确认无相互影响的交叉作业；②……

4)管理：①工作交底、安全技术交底已完成；②作业方案及风险分析/高风险作业程序/能量隔离图表/紧急救援预案等准备妥当；③作业的关键环节及风险控制措施清楚；④高风险特殊作业(受限空间作业、高处作业、吊装作业、临时用电作业、动火作业、动土作业、盲板抽堵作业、断路作业等)都已纳入作业许可管理的范围，作业前风险控制措施经现场核实、确认；⑤……

2.3.2.6　作业过程监督

一般情况下，在作业过程中监督方包括：承包商内部监督、第三方和建设单位监督。

(1)承包商内部监督。

一般由承包商内部安全管理人员和技术管理人员监督施工过程中风险管控措施的落实情况，确保施工过程安全风险受控。承包商各专业技术负责人还需监督施工质量满足项目建设要求。

(2)第三方和建设单位监督。

监理单位、建设及属地单位应对进入现场的施工承包商进行相关资质、人员资格和设备设施的入场前安全检查，合格后方可允许进入现场进行作业。检查的主要内容至少应包括：

1)单位资质、人员资格证书、安全生产规章制度建立和安全组织机构设立、安全监管人员配备等情况。

2)施工组织设计(施工方案)、安全作业计划书和应急预案的审批情况，基本安全生产条件、人员安全培训、技术交底、施工设备和安全设施的合规性及完整性、劳动防护用品的配备、施工作业环境等情况。

3)现场施工过程中安全技术措施落实，作业许可办理，规章制度、安全作业指导书(或操作规程)和计划书的执行，施工作业计划与人员变更等情况。

4)承包商事故隐患整改、违章行为查处、安全防护和文明施工措施费用及使用管理、安全事故(事件)报告及处理等情况。

5)施工现场应急物资的配备、应急演练情况等。

另外，聘请独立第三方监督时，应根据合同及相关法律法规和标准规范，采取旁站、巡查等监督方式，对承包商作业过程进行监督，并配套相应机制，以保障监督执行的力度和闭环整改措施的落实；建设单位项目管理部门在履行作业过程监督职能的时候，还应注意属地(基层)单位职责(安全管理、监督、审核、评估)的落实情况，以确保承包商严格执行相关安全标准和要求。

2.3.2.7　承包商绩效考评

企业应对承包商施工过程中的安全绩效进行考核评价，当存在下列情形之一的，应按照有关规定予以清退：

1)提供虚假安全资质材料和信息的。

2）现场管理混乱、隐患不及时治理，不能保证生产安全的。

3）违反国家有关法律法规、标准规范及企业有关规定，拒不服从管理的。

4）存在不良行为，被有关部门通报或记录在案的。

5）发生一般 A 级以上生产安全责任事故的。

6）受到工程建设相关方投诉、举报的。

承包商安全绩效考评分为承包商日常考评与承包商总体评价，通常情况下，承包商日常考评由属地（基层）单位定期或不定期开展；承包商总体评价是指项目结束后，对各阶段的考评情况进行综合分析，形成对承包商的总体考评结果。

（1）承包商日常考评。

建议属地（基层）单位每月或每季度进行一次承包商日常考评，并将考评结果提交主管部门。可从人员、设备设施、作业条件、安全防护等方面进行考评，具体内容如表 2－15 所示。

表 2－15　承包商日常考评

序号	评价项目	得分	评价人
1	按规定设置安全防护和隔离设施		
2	消防通道和逃生通道保持畅通，逃生路线标识清楚		
3	现场各种工具、器材、设备性能完好，规范摆放		
4	正确穿戴使用劳动防护用品		
5	人员持证上岗		
6	定期对员工进行安全培训		
7	按照安全作业计划书及有关规定落实各项安全防范措施		
8	特殊作业按要求办理作业许可		
9	其他		
总得分			

（2）承包商总体评价。

项目结束后，结合各方的意见与日常考评结果，作出承包商总体评价，承包商总体评价结果宜包括以下内容：

1）安全法律法规、标准规范、规章制度遵守情况。

2）安全组织机构建立、安全培训教育情况。

3）施工方案、安全作业计划书执行情况。

4）安全措施、劳动保护、应急预案落实情况。

5）现场管理、工程（服务）质量情况。

6）事故发生情况。

建议企业将承包商总体评价结果分为优秀、合格、观察使用及不合格四个等级，并将总体评价结果作为承包商选择的重要依据。

1）评价得分在 90~100 分范围，评价考核结论为优秀。

2）评价得分在 70~90 分范围，评价考核结论为合格。

3）评价得分在 60~70 分范围，评价结论为观察使用。

4）评价总分低于 60 分，评价结论为不合格。

对评价不合格或连续两年年度评价结论为观察使用的承包商予以清退处理。对于评价为优秀的承包商加入优秀承包商名录，在招投标过程中优先考虑或纳入长期承包商。

2.4　系统管理

系统管理主要包含四个管理要素：作业许可、应急管理、工艺事故/事件管理、符合性审核，结合危化品企业工艺安全管理的生产实践，解读这四个管理要素的主要管理内容及管理要求。

作业许可是指生产企业对可能具有明显风险的人机界面活动（非常规作业）实施作业许可管理，如动火、动土、开启工艺设备或管道、起重吊装、临时用电、进入受限空间等，明确工作程序、风险识别方式方法和控制准则。

应急管理是指生产企业为了预防和减少突发事件的发生，控制、减轻和消除突发事件引起的危害，建立事前预防与准备、事发应对与监测、事中处置与救援、事后恢复与重建的应对机制，规范突发事件应急管理工作，保障公众生命安全、环境安全和财产安全的相关活动。

工艺事故/事件管理是有效提升管理的资源，企业应树立"所有事故都可以预防""事故事件是宝贵资源"的理念，鼓励形成主动报告事故/事件的氛围。坚持"四不放过"和"依法依规、实事求是、注重实效"的原则，运用科学的分析手段，深入剖析事故事件产生的原因，制定针对性的改进措施，预防同类事故/事件的再次发生，提升管理绩效。

符合性审核是指客观地获取审核证据以判定工艺安全管理体系运行情况并予以评价，是确保企业工艺安全管理方针目标和体系有效运行、持续改进的重要手段。

2.4.1　作业许可

（1）概述。

本手册中所说的作业，是指在生产或施工作业区域内，从事工作程序（规程）未涵盖的非常规作业（指临时性的、缺乏程序规定的作业活动），也包括有专门程序规定的高风险作业（特殊作业）。GB 30871—2022《危险化学品企业特殊作业安全规范》中的"特殊作业"是指危险化学品企业生产经营过程中可能涉及的动火、进入受限空间、盲板抽堵、高处作业、吊装、临时用电、动土、断路等，对作业者本人、他人及周围建（构）筑物、设备设施可能造成危害或损毁的作业。

动火作业：在直接或间接产生明火的工艺设备设施以外的禁火区内开展可能产生火焰、火花或炽热表面的非常规作业，如使用电焊、气焊（割）、喷灯、电钻、砂轮等进行的作业。

受限空间作业：是指进入或探入以下空间或场所进行的作业（进出受限，通风不良，可能存在易燃易爆、有毒有害物质或缺氧，对进入人员的身体健康和生命安全构成威胁的封闭、半封闭设施及场所，如反应器、塔、釜、槽、罐、炉膛、锅筒、管道以及地下室、窨井、坑、池、下水道或其他封闭、半封闭场所）。

盲板抽堵作业：在设备、管道上安装或拆卸盲板的作业。

高处作业：在距坠落基准面2m及2m以上且有可能坠落的高处进行的作业。

吊装作业：利用各种吊装机具将设备、工件、器具、材料等吊起，使其发生位置变化的作业过程。

临时用电：在正式运行的电源上所接的非永久性用电。

动土作业：挖掘、打桩、钻探、坑探、地锚入土深度在0.5m以上；使用推土机、压路机等施工机械进行填土或平整场地等可能对地下隐蔽设施产生影响的作业。

断路作业：在化学品生产单位内，交通主、支路和车间引道上进行工程施工、吊装、吊运等各种影响正常交通的作业。

（2）管理流程。

作业许可管理流程如图 2 –17 所示。

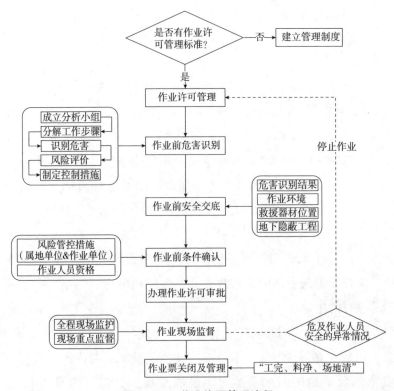

图 2 –17　作业许可管理流程

2.4.1.1　建立作业许可管理标准

企业应分类建立并实施各类特殊作业的《作业许可管理标准》，规范作业许可从申请到关闭的管理流程，明确辨识作业现场和作业过程中可能存在的安全风险、制定风险管控措施的原则、方法和基本要求。

《作业许可管理标准》具体内容可包括"目的、适用范围、术语和定义、规范性引用文件、职责划分、管理要求（风险辨识/危害识别、安全交底、作业前条件确认、许可手续审批、作业现场监督、作业票关闭及管理等）"。

管理标准中应明确风险辨识/危害识别由谁组织、谁参与，许可手续由谁申请、谁审批，现场由谁监护、谁监督。另外，标准中还宜明确风险辨识/危害识别的方法，并分类规范各类特殊作业的许可票证模板。

2.4.1.2　作业前危害识别

作业前，生产单位应组织作业单位对作业现场和作业过程中可能存在的危害因素进行辨识，制定相应的安全管控措施，将风险控制到可接受范围内。

作业活动的危害识别和风险评价适宜采用工作安全分析方法，也称为工作危害分析(Job Hazard Analysis，JHA)。该方法是通过辨识具体作业活动的每一关键步骤潜在的危害，制定相应的工程、技术和管理措施，采用适当的个体防护装置，消除、削减、控制和预防作业中主要的风险，从而防止事故发生，防止人员受到伤害。

(1)实施流程。

1)成立分析小组。分析前成立工作前安全分析小组，组长选择熟悉分析方法的管理、技术、安全、操作人员组成小组。小组成员应了解工作任务及所在区域环境、设备和相关的操作规程。

2)分解工作步骤。审查工作计划，把作业分解成一系列的子任务。JSA 小组审查工作任务，分解工作步骤，收集相关信息，实地考察工作现场，并包括但不限于核查以下内容：

①以前此项工作任务中出现的健康、安全、环境问题和事故事件。

②工作中是否使用了新设备。

③工作环境、空间、光线、空气流动、出口和入口等。

④实施此项工作任务的关键环节及对作业人员的知识技能要求。

⑤实施此项工作任务的人员是否有足够的知识技能。

⑥是否需要作业许可及作业许可的类型、涉及的管理层级。

⑦是否有影响本工作任务安全的交叉作业。

3)危害识别。识别每项工作步骤的危害及其风险程度，特别是工作关键环节的危害及影响，并填写工作安全分析表。识别时应充分考虑正常、异常、紧急三个状态和人、物、环境、管理四个方面的危害，同时还应识别危害产生的影响和可能影响的人群，应考虑工作场所内所有人员。危害识别可通过多种途径，包括：

①风险分析报告。

②安全案例信息。

③通过变更管理获取的信息。

④事故报告。

⑤工作安全分析报告。

⑥审核报告。

⑦检测检验报告。

⑧现场勘查。

⑨以前工作安全分析或完成同类作业的经验。

4)风险评价。对存在潜在危害的工作步骤进行风险评价，根据判别标准确定初始风险的等级和风险是否可接受，可选择 LEC 法或半定量风险矩阵法。

5)制定控制措施。工作安全分析小组应针对识别出的每一个危害因素制定风险控制措施，以及突发情况下的应急处置措施，将风险降低到可接受的范围内。

制定风险控制措施时应考虑作业人员的知识技能状况、作业使用的工具/设备和材料、作业所处环境等因素的影响。

在选择风险控制措施时，应考虑控制措施的优先顺序(消除、替代、降低、隔离、程序、减少员工接触时间、个人防护)。

在控制措施实施后，如果每一个危害因素的风险都在可接受的范围之内，并得到工作前安全分析小组成员的一致同意，方可进行作业前准备。

6)沟通交流。作业前应召开班前会，进行有效的安全交底和沟通，确保：

①参与此项工作的每个人理解完成该工作任务所涉及的活动细节及相应的危害因素、风险、控制措施和每个人的职责。

②参与此项工作的人员进一步识别可能遗漏的危害因素。

③如果作业人员意见不一致，异议解决后，达成一致，方可作业。

④如果在实际工作中条件或者人员发生变化，或原先假设的条件不再成立，则应对作业风险进行重新分析。

(2)分析记录表。

简洁有效的工作安全分析表单如表 2 – 16 所示。

表 2 – 16　简洁有效的工作安全分析表单

组织单位		负责人		分析人员	
工作任务 简述					

工作任务	危害识别	后果及影响	风险评价				现有控制措施	建议措施	残余风险是否可接受
			L	E	C	D			

2.4.1.3　作业前安全交底

作业前，生产单位应对参与作业的人员进行安全交底，主要内容如下：

1）作业现场和作业过程中可能存在的危害因素及采取的具体安全措施与应急措施。

2）会同作业单位组织作业人员到作业现场了解和熟悉作业环境，进一步核实安全措施的可靠性、有效性，熟悉应急救援器材的位置及分布。

3）当涉及断路、动土作业时，应对作业现场的地下隐蔽工程进行交底。

2.4.1.4　作业前条件确认

1）作业前，生产单位应组织作业单位对作业现场及作业涉及的设备、设施、管道、工器具等进行检查处理，对工作安全分析制定的风险管控措施落实情况进行现场确认，并使之符合如下要求：

①作业涉及含有有毒有害、易燃易爆等危险介质的设备、管线应采用隔离、泄压、清洗、置换等方式进行处理。

②对可能因误操作导致能量意外释放，造成人身伤害、设备损坏、环境污染、财产损失的设备设施采取可靠的能量控制、隔离和保护措施。包括机械隔离、工艺隔离、电气隔离、放射源隔离等。

③通往作业现场的消防通道、应急逃生通道等应保持畅通。

④作业现场的梯子、栏杆、平台、算子板、盖板等设施应完整、牢固。

⑤作业现场可能导致人员跌倒或坠落的坑、井、沟、孔洞等应采取硬隔离和警示标志等有效防护措施，夜间应设警示红灯，影响作业安全的杂物应清理干净。

⑥作业使用的消防、职防器材、通信设备、照明设备等齐备、完好。

⑦作业使用的脚手架、起重机械、电气焊用具、手持电动工具等各种工器具应符合作业安全要求；超过安全电压的手持式、移动式电动工器具应逐个配置漏电保护器和电源开关。

⑧腐蚀性介质的作业场所应在作业附近约 30m 内配备人员应急冲洗水源。

2)对现场作业人员的要求。

①进入作业现场的人员应正确佩戴符合 GB 39800.1—2020《个体防护装备配备规范　第 1 部分：总则》要求的个体防护装备。

②涉及不同行业的特种作业人员应分别取得应急管理部和住建部等颁布的相应资格证书，特种设备作业人员应取得市场监督管理局颁布的相应资格证书，并持证上岗。

③界定为 GBZ/T 260—2014《职业禁忌证界定导则》中规定的职业禁忌证者不应参与相应作业。

2.4.1.5　办理作业许可审批手续

1)作业前，作业单位应办理好作业许可审批手续，并由相关责任人签字审批。同一作业涉及动火、进入受限空间、盲板抽堵、高处作业、吊装、临时用电、动土、断路中的两种或两种以上时，除应同时执行相应的作业要求外，还应同时办理相应的作业许可审批手续。

2)相关责任人应到现场或通过现场照片和视频等方式对照作业票证等确定风险管控措施已全部落实，作业环境符合安全要求，方可签字审批。

2.4.1.6　作业现场监护、监督

监护人员为作业方指派人员，应由比实施作业的人员具有更丰富的生产(作业)实践经验的人担任，并佩戴明显标识，在作业过程中对作业人员实施全程安全监护。当从事高风险等级的作业监护时，监护人员应为专职监护。监护人员的职责应包括但不限于以下要求：

1)检查作业票与作业内容相符并在有效期内，各项安全管控措施在作业期间未发生偏离作业许可要求的情况。

2)对作业人员的行为和现场安全作业条件进行检查与监督，负责作业现场的安全协调与联系。

3)当作业附近区域或作业现场出现可能危及作业人员安全的异常情况时，应中止作业，并采取安全有效措施进行应急处置，并迅速组织撤离；当发现作业人员违规违章时，应及时制止，情节严重时，应收回作业票、中止作业。

4)作业期间，监护人不应擅自离开作业现场且不应从事与监护无关的事。确需离开作业现场时，应有专人替代监护。否则应收回安全作业票，中止作业。

安全监督人员为属地单位指派的现场监督人员，应对作业现场进行不定期监

督检查。对于风险等级高的作业，必须专职全过程监督。

2.4.1.7 作业票关闭及管理

1）作业期间应将作业票分别放置在作业现场、控制室内，并进行公示，以便相关人员了解作业情况。

2）作业完毕，签字审批人应到现场或通过现场照片和视频等方式核实作业活动是否按照计划全部完成，有无遗留隐患，做到"工完、料净、场地清"。

3）确认无误后，在作业许可的关闭栏上签字确认，关闭作业。企业应保留作业许可票证，以了解作业许可标准执行的情况，以便持续改进。

2.4.1.8 具体作业管理要求范例

下面以动火作业为例进行介绍。

动火作业是指在直接或间接产生明火的工艺设备设施以外的禁火区内开展可能产生火焰、火花或炽热表面的非常规作业，如使用电焊、气焊（割）、喷灯、电钻、砂轮等进行的作业。

动火作业的危害后果主要有火灾/爆炸、灼伤或烫伤、机械伤害（研磨、打磨、钻孔、破碎、锤击等）、中毒或窒息（通风不良、受限空间内的动火作业等）、辐射（紫外线及红外线）、触电、噪声（研磨、打磨、钻孔、破碎、锤击等）。

（1）动火作业分级要求。

固定动火区以外（企业应划定固定动火区及禁火区，固定动火区是指满足设计要求、为动火作业设置的固定场所，如专门的维修场所等）的动火作业一般分为二级动火、一级动火、特级动火三个级别，遇节日、假日或其他特殊情况，动火作业应升级管理。

特级动火作业是指在生产运行状态下的易燃易爆生产装置、输送管道、储罐、容器等部位上及其他特殊危险场所进行的动火作业，带压不置换动火作业和存有易燃易爆介质的重大危险源罐区防火堤内的动火作业。

一级动火作业是指在易燃易爆场所进行的除特级动火作业以外的动火作业，包含厂区管廊上的动火作业。

二级动火作业是指除特级动火作业和一级动火作业以外的动火作业。凡生产装置或系统全部停车，装置经清洗、置换、分析合格并采取安全隔离措施后，可根据其火灾、爆炸危险性大小，经所在单位生产负责人或安全负责人批准，动火作业可按二级动火作业管理。

特级动火、一级动火作业的安全作业票有效期不应超过 8h；二级动火作业的安全作业票有效期不应超过 72h。

(2)动火作业基本要求。

1)动火作业应有专人监火，作业前应清除动火现场及周围的易燃物品，或采取其他有效安全防火措施，并配备消防器材，满足作业现场应急需求。

2)动火点周围或其下方如有可燃物、空洞、窨井、地沟、水封等，应检查分析并采取清理或封盖等措施；对于动火点周围有可能泄漏易燃、可燃物料的设备，应采取隔离措施。

3)凡在盛有或盛装过危化品的设备、管道等生产、储存设施及处于 GB 50016—2014《建筑设计防火规范》、GB 50160—2018《石油化工企业设计防火标准》、GB 50074—2014《石油库设计规范》规定的甲类、乙类区域的生产设备上进行动火作业，应将其与生产系统彻底隔离，并进行清洗、置换，分析合格后方可作业；因条件限制无法进行清洗、置换而确需动火作业时按特级动火作业要求执行。

4)拆除管线进行动火作业时，应先查明其内部介质及其走向，并根据所要拆除管线的情况制定安全管控措施。

5)在有可燃物构件和使用可燃物做防腐内衬的设备内部进行动火作业时，应采取防火隔绝措施。

6)在生产、使用、储存氧气的设备上进行动火作业时，设备内氧含量不应超过 23.5%。

7)动火期间距动火点 30m 内不应排放可燃气体；距动火点 15m 内不应排放可燃液体；在动火点 10m 范围内、动火点上方及下方不应同时进行可燃溶剂清洗或喷漆等作业；在动火点 10m 范围内不应进行可燃性粉尘清扫作业。

8)铁路沿线 25m 以内的动火作业，如遇装有危化品的火车通过或停留时，应立即停止。

9)使用气焊、气割动火作业时，乙炔瓶应直立放置，氧气瓶与之间距不应小于 5m，两者与作业地点间距不应小于 10m，并应设置防晒设施。

10)作业完毕应清理现场，确认无残留火种后方可离开。

11)五级风以上(含五级)天气，原则上禁止露天动火作业。因生产确需动火，动火作业应升级管理。

（3）特级动火作业要求。

1）在生产运行不稳定的情况下，不应进行带压不置换动火作业。

2）应预先制定作业方案及应急处置预案，落实安全管控措施及应急措施，必要时可请专职消防队到现场监护。

3）存在受热分解爆炸、自爆物料的管道和设备设施上禁止进行动火作业。

4）在设备或管道上进行特级动火作业时，设备或管道内应保持微正压。

（4）动火分析要求。

作业前应进行动火分析，要求如下：

1）动火分析的监测点要有代表性，在较大的设备内动火，应对上、中、下各个部位进行监测分析；在较长的物料管线上动火，应在彻底隔离区域内分段分析。

2）在设备外部动火，应在不小于动火点 10m 范围内进行动火分析。

3）动火分析与动火作业间隔一般不超过 30min，如现场条件不允许，间隔时间可适当放宽，但不应超过 60min。

4）特级/一级动火作业中断时间超过 30min，二级动火作业中断时间超过 60min，应重新分析。特级动火作业期间应随时进行监测分析。

5）使用便携式可燃气体检测仪或其他类似手段进行分析时，检测设备应经标准气体样品标定合格。

（5）动火分析合格标准。

1）当被测气体或蒸气的爆炸下限大于或等于 4% 时，其被测浓度不应大于 0.5%（体积分数）。

2）当被测气体或蒸气的爆炸下限小于 4% 时，其被测浓度不应大于 0.2%（体积分数）。

2.4.2　应急管理

（1）概述。

随着我国安全生产法规标准建设步伐的逐步加快和日益趋严，对于生产经营单位而言，落实安全生产法规标准及规章制度是保障其合法生产经营的基本要求，也是其各项生产经营活动顺利开展的管理基础，而应急管理作为工艺安全管理的重要内容之一，尤其在危化品行业，应急管理是构建安全生产的最后一道屏障，其目的和意义在于——"付出一万的努力，防止万一的发生"，即使万一发生了，也要尽可能将其对人员、环境、设施或社区的影响降至最低。

应急管理是工艺安全管理中源头与过程控制的补充。在危害(危险源)辨识、风险评价的基础上，针对风险等级高和事故后果严重度高的危险源及其危害因素、危害后果预先制定应对措施，并进行培训、演练、持续改进，提升应急响应及处置能力，确保有效预防、及时控制和最大限度地降低突发事故事件造成的损害。

(2)管理流程。

应急管理流程如图 2 – 18 所示。

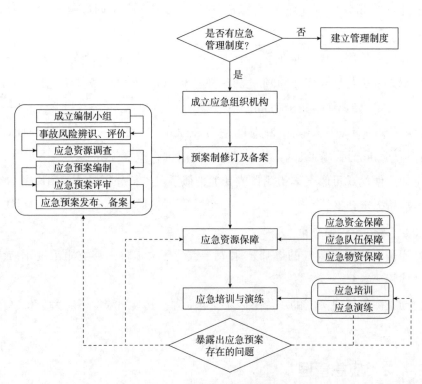

图 2 – 18　应急管理流程

2.4.2.1　建立应急管理制度

企业应建立健全《应急管理制度》，明确应急管理不同阶段的相关要求，规范应急全过程管理。

《应急管理制度》具体内容可包括"目的、适用范围、术语和定义、规范性引用文件、职责划分、管理要求(高风险及高后果严重度的危险源辨识和危害因素识别、应急组织机构、应急预案制修订及备案、应急资源保障、应急培训与演练等)"。

2.4.2.2　成立应急组织机构

企业应成立应急组织机构并明确职责分工。根据企业自身生产经营规模、生产业务风险特点和面临的风险大小，可成立包括应急领导小组、应急领导小组办公室、安全环保组、应急救援组、现场抢修组、应急保障组在内的应急组织机构，具体如图2-19所示。

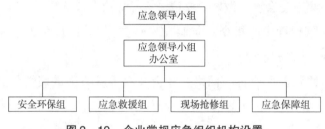

图2-19　企业常规应急组织机构设置

(1)应急领导小组。

通常情况下，企业应急领导小组由企业决策层成员及各部门主要负责人组成，是突发事件应急管理工作的领导机构，组长由最高领导者担任。应急领导小组的职责包括但不局限于以下内容：

1)负责企业应急管理体系建设、领导及决策工作。

2)负责组织企业突发事件综合预案及专项应急预案的编制、修订、审定及签署发布。

3)当发生突发事件时，按应急预案启动应急响应，协调应急资源、组织开展应急响应以及舆情监控、媒体应对工作。

4)接受地方政府的领导，按照要求开展应急工作，指挥现场抢险救援，并协助政府开展相关的应急救援工作。

5)根据突发事件的发展态势，向地方政府提出增援请求。

(2)应急领导小组办公室(应急办公室)。

为确保突发情况下企业决策层、管理层、执行层能各司其职，高效、准确响应，一般情况下企业应急领导小组下设应急领导小组办公室。应急领导小组办公室由企业相关部门管理人员组成，是企业突发事件应急管理日常工作及办事机构。应急领导小组办公室各成员按照部门职能落实应急日常管理责任。同时应急领导小组办公室应下设应急值班室，负责 24 小时应急值班。应急领导小组办公室主要职责如下：

1）负责生产运行指挥系统的运维监管，应急状态下迅速启动信息快速沟通渠道，并保持畅通。

2）全面跟踪、了解生产安全事故的发展动态及处置情况，及时向应急领导小组汇报。

3）保持各应急工作组之间的信息沟通渠道，汇总、传递相关信息。

4）负责召集应急会议，做好会议记录，并形成会议纪要。

5）按照应急指挥中心指令，向地方政府主管部门（应急办公室、应急管理局、环保局等）报告和求援。

6）收集、跟踪新闻媒体、网络、社会公众等各方面的舆情信息，负责新闻稿、公告、信息发布材料和上报材料的起草工作，负责与媒体、公众及利益相关方的沟通和告知。

7）提供法律支持，协调公共关系，做好应急过程中的后勤保障和资源调配等。

（3）安全环保组。

安全环保组可由企业安全环保管理部门相关人员组成，主要职责为：

1）负责设置安全警戒线，维护现场秩序，保护现场，并及时向现场指挥部报告现场警戒保卫情况。

2）负责对事故现场及周边可燃气体浓度、有毒有害物质浓度、风向、排水系统及水体污染物进行不间断监测，并将监测结果及时报告现场应急指挥部，及时调整警戒范围。

3）负责疏散群众，引导消防车辆、急救车辆、应急抢险人员进入妥当地点施救。

（4）应急救援组。

应急救援组可由企业生产运行管理部门相关人员组成，主要职责为：组织调动、协调公司内外部消防应急救援队伍，负责洗消、现场救人、抢修保护等工作。

（5）现场抢修组。

现场抢修组可由企业相关部门管理人员组织，主要职责为：针对事故破坏情况对现场实施紧急抢险修复工作。组织调动、协调公司内外应急协作的检维修、工程施工单位进行现场抢险，负责对损坏设备设施的修复、检验、恢复等工作。

（6）应急保障组。

应急保障组可由企业财务、计划经营等部门组成，主要职责为：调动、协调应急救援队伍、装备和物资，组织协调应急物资的快速采购和运送渠道。落实应急物资、应急处置等应急资金，处理保险和理赔，分析财务风险并提供应对策略等工作。

（7）专家组。

专家组可由各专业技术职能部门和内外部专家组成，主要职责为：为应急指挥部提供建议和技术支持，制定现场应急处置方案。

2.4.2.3　应急预案制修订及备案

应急预案的编制应遵循以人为本、依法合规、符合实际、注重实效的原则，在危害辨识、风险评价的基础上，针对风险等级高和事故后果严重度高的危险源、重大危险源及其危害因素、危害后果，结合企业内外部应急资源情况，制定突发事故事件应急预案，并以应急处置为核心，明确应急职责、规范应急程序、细化保障措施。

（1）成立应急预案编制小组。

编制应急预案既是应急管理的基础性工作，也是总结事故经验教训、探索事故发展规律、完善应急管理流程、创新应急管理制度的过程。企业应当成立以企业相关负责人为组长的应急预案编制工作小组，小组成员还应包括与应急预案有关的职能部门和单位人员，并吸收有现场处置经验的人员参加。编制小组成员确定后，各自的职责、任务和目标也应明确。

小组成员应依据各自职责收集、梳理与预案编制有关的法律法规、标准规范、应急预案、国内外同行业事故资料，同时收集本单位安全生产相关管理制度、历史事故事件与隐患资料、水文地质和气象资料、周边环境资料、内外部应急资源及应急人员能力素质调查报告等有关资料。

（2）事故风险辨识、评价。

为避免应急预案情景设计与生产实际不符，编制应急预案前应结合工艺危害分析成果或危险源及危害因素清单、重大危险源档案、安全评价报告等资料进行事故风险辨识、评价，其目标包括但不限于以下内容：

1）确定可能发生的生产安全事故类型及特点。

2）确定风险等级高和事故后果严重度高的危险源、重大危险源及其危害因素。

3）分析各种事故类型发生的可能性（概率）和后果（包括直接后果以及次生、衍生后果），评价各种后果的危害程度和影响范围，确定事故具体类别及风险级别。

4）评价现有事故风险控制措施及应急措施的完整性，提出应急资源的需求分析。

需要注意的是，现有事故风险控制措施及应急措施的完整性主要决定各种事故类型发生的可能性（部分应急措施也会影响事故的后果严重度）；能量或危险物质的储存量、危险物质的理化性质以及周边人员、资产分布情况主要决定事故的后果严重度。

（3）应急资源调查。

应急预案编制前，企业应当进行应急资源调查。完整的调查过程包括：全面调查本单位应急队伍、装备、物资、场所等应急资源的基本现状、功能完善程度、受可能发生的事故的影响程度等，以及周边单位和政府部门能够调用或掌握可用于事故处置与救助的相关社会应急资源状况。重点分析本单位的应急资源以及周边可依托的社会应急资源在种类、数量和调集方式、投入使用时间等储备及管理方面存在的问题、不足。结合本单位事故风险辨识、评价得出的应急资源需求，提出完善应急资源保障条件的具体措施。

除在预案编制前开展应急资源调查外，当企业发生重大组织变更、出现影响事故风险的重大外部变化或者预案经过演练及效果评估发现应急资源调查存在较大瑕疵或漏洞时，应复核以往应急资源调查结果或重新开展应急资源调查。

（4）应急预案编制。

企业应依据本单位组织架构、管理模式、生产业务及装置规模、事故类别及风险级别等情况，编制相应的应急预案，保证应急预案的针对性、实用性和可操作性。通常情况下，生产经营企业应急预案分为综合应急预案、专项应急预案与现场处置方案。

1）综合应急预案是生产经营单位应急预案体系的总纲，主要从总体上阐述事故的应急方针和原则。其主要内容包括：总则（适用范围、响应分级）、应急组织机构及其职责、应急响应(信息报告、预警、响应启动、应急处置、应急支援、响应终止)、后期处置、应急保障(通信与信息保障、应急队伍保障、物资装备保障、其他保障)等。

2)专项应急预案是生产经营单位为应对某一类型或某几种类型事故,或者针对重要生产设施、重大危险源、重大生产经营活动等内容而制定的应急预案。其主要内容包括:适用范围、应急组织机构及职责、响应启动、处置措施、应急保障。专项应急预案需明确具体的处置程序和措施等,强调其针对性和可操作性。

3)现场处置方案是生产经营单位根据不同事故类别,针对具体场所、装置或设施所制定的应急处置措施。其主要内容包括:事故风险描述、应急工作职责、应急处置和注意事项等,应体现自救互救、信息报告和先期处置的特点,强调简单易懂、一目了然。事故风险单一、危险性小的生产经营单位,可以只制定现场处置方案。

(5)应急预案评审。

危化品生产、经营、储存、运输企业,应参照国家、行业、地方有关法律法规和标准规范,从基本要素的完整性、组织体系的合理性、应急处置程序和措施的针对性及可操作性、应急保障措施的可行性、应急预案的衔接性等内容,组织对本单位编制的应急预案进行评审或论证,并形成书面评审或论证纪要。

评审或论证人员应当包括具有相关领域专业知识、实践应急管理/救援经验的专家和可能受影响的居民代表、单位代表。其中,评审专家可以选自监管部门专家库、企业内部专家库、相关行业协会、同行业或周边企业的人员,与所评审应急预案的生产经营单位有利害关系的一般应当回避。

评审人员数量,原则上较大以上突发事故事件风险的企业不少于5人,评审专家不少于3人,可能受影响的居民代表或单位代表不少于2人。综合应急预案组成要素评审表如表2-17所示。

表2-17　综合应急预案组成要素评审表(范例)

	评审项目	评审内容及要求	评审意见
总则	编制目的	目的明确,简明扼要	
	编制依据	1)引用的法律法规、标准规范合法有效。 2)明确相衔接的上级预案,不得越级引用应急预案	

评审项目		评审内容及要求	评审意见
总则	应急预案体系*	1)能够清晰表述本单位及所属单位应急预案组成和其组成之间的关系、与地方人民政府应急预案的衔接关系(推荐使用图表)。 2)本单位及所属单位可能发生的事故类型无缺失	
	应急工作原则	1)结合本单位应急工作实际,符合国家有关规定和要求。 2)以人为本、安全环境优先;先期处置、防止危害扩大等	
适用范围*		范围明确,适用的事故类型和响应级别合理	
危险性分析	生产经营单位概况	1)明确有关设施、装置、设备以及重要目标场所的布局等情况。 2)应急资源的有关基本情况和内容是否全面、调查结果是否可信	
	危险源辨识与风险分析*	1)能够反映本单位存在的危险源、重大危险源及其危害因素、危害后果,客观评价其风险等级。 2)可能引发事故的诱因、后果严重度及影响范围准确合理	
组织机构及职责*	应急组织体系	1)能够清晰描述本单位的应急组织体系构成(推荐使用图表)、应急指挥运行机制。 2)明确应急组织成员日常及应急状态下的工作职责	
	指挥机构及职责	1)应急指挥部门职责清晰明确。 2)各应急救援小组设置合理,应急工作内容明确	
预防与预警	危险源管理	1)明确技术性预防和管理措施。 2)明确相应的应急处置措施	
	预警行动	1)明确预警信息发布的方式、内容和流程。 2)预警级别与采取的预警措施科学合理	
应急响应	响应分级*	1)分级清晰,且与上级应急预案响应分级衔接。 2)能够体现事故紧急和危害程度。 3)明确紧急情况下应急响应决策的原则	
	响应程序*	1)立足于控制事态发展,减少事故损失,体现"先期处置"原则。 2)明确救援过程中各专项应急功能的实施程序。 3)明确扩大应急响应的基本条件及原则。 4)能够辅以图表直观表述应急响应程序	

续表

评审项目		评审内容及要求	评审意见
应急响应	应急结束	1) 明确应急救援行动结束的条件和相关后续事宜。 2) 明确发布应急终止命令的组织机构和程序。 3) 明确事故应急救援结束后负责工作总结部门	
后期处置		1) 明确事故发生后，污染物处理、生产恢复、善后赔偿等内容。 2) 明确应急处置能力评估及应急预案的修订等要求	
保障措施*		1) 明确相关单位或人员的通信方式，确保应急期间信息通畅。 2) 明确应急装备、设施和器材及其存放位置、数量清单，以及保证其有效性的措施。 3) 明确各类应急资源，包括专业应急救援队伍、兼职应急队伍的组织机构以及联系方式。 4) 明确应急工作经费保障方案	
培训与演练*		1) 明确本单位开展应急管理培训的计划和方式方法。 2) 如果应急预案涉及周边社区和居民，应明确相应的应急宣传教育工作。 3) 明确应急演练的方式、频次、范围、内容、组织、评估、总结等内容	
附则	应急预案备案	1) 符合国家关于预案备案的相关要求。 2) 明确本预案应报备的有关部门(上级主管部门及地方政府有关部门)和有关抄送单位	
	制定与修订	1) 明确负责制定与解释应急预案的部门。 2) 明确应急预案修订的具体条件和时限	

注：*代表应急预案的关键要素。

　　生产经营单位还应定期对公布实施的现行应急预案进行内容评估，其出发点应是对预案内容及执行情况的检查总结，是修订预案的依据，以提高应急预案的质量，提升针对性、实用性和可操作性。危化品生产、经营、储存、运输企业，应当每三年进行一次应急预案评估。应急预案评估可以邀请相关专业机构或者有关专家以及有实际应急救援工作经验的人员参加，必要时可以委托安全生产技术服务机构实施。综合应急预案内容评估表见表 2 - 18。

表2-18　综合应急预案内容评估表(范例)

评估要素	评估内容	评估方法	评估结果
应急预案管理要求	是否符合《中华人民共和国安全生产法》《中华人民共和国突发事件应对法》等国家和地方法律法规中的有关规定和要求	资料分析	
	是否符合国家、行业及地方标准中的有关规定和要求	资料分析	
	是否符合本单位规范性文件中的有关规定和要求	资料分析	
	是否与本单位上位预案中的有关规定和要求有效衔接	资料分析	
组织机构与职责	查阅本单位现阶段机构设置、部门职责、应急处置关键岗位职责划分等文件资料,分析应急预案中应急组织机构设置及职责与是否适合、是否需要调整	资料分析	
	通过问卷调查和访谈,了解本单位各层级相关业务部门及人员对本部门、本岗位的应急管理工作的改进建议	人员访谈	
	依据资料分析和访谈的情况,通过预案推演论证,评估值班值守、指挥调度、应急协调、信息上报、舆情沟通、善后恢复的职责划分是否清晰、关键岗位职责是否明确、应急组织机构设置及职责分配与业务是否匹配	推演论证	
主要事故风险	查阅工艺危害分析成果或危险源及危害因素清单、重大危险源档案、安全评价报告等资料,对照生产运行、工艺设备等资料,分析本单位面临的主要事故风险类型及风险等级划分情况	资料分析	
	根据资料分析情况,对基层单位重点场所、装置和部位进行现场验证	现场验证	
	就资料分析和现场验证的情况,与各层级相关业务部门及基层单位相关人员沟通交流,评估事故风险辨识是否准确、类型是否合理、等级确定是否科学、风险管控措施是否能将后果严重度降低到可接受的范围内	人员沟通	
应急资源	查阅应急资源调查报告,对照应急资源清单、管理制度及有关文件资料,分析本单位及合作区域内的应急资源状况	资料分析	
	根据资料分析情况,到本单位及合作单位的应急物资库等场所验证应急资源的实际储备、管理和维护情况,推演应急资源运输的路程、路线及时长	现场验证推演论证	

续表

评估要素	评估内容	评估方法	评估结果
应急资源	就资料分析和现场验证及推演的情况，结合风险评价得出的应急资源需求，与各层级相关业务部门及基层单位相关人员沟通交流，评估本单位及合作区域内现有的应急资源的数量、种类、功能、用途和外部应急资源的协调机制、响应时间是否满足实际需求	人员沟通	
应急预案衔接	查阅上下级单位、政府有关部门及周边单位与社区的相关应急预案，分析本单位与上述单位、部门、社区的应急预案在信息报告方面是否实现了无缝衔接以避免迟报和漏报、响应分级标准是否统一、指挥权移交界限是否清晰明确、警戒疏散规定是否科学合理等	资料分析	
	就资料分析的情况，与本单位各层级相关业务部门及基层单位、周边单位、部门和社区相关人员沟通交流，评估应急预案在内外部上下衔接中存在的问题	人员沟通	
实施反馈	查阅应急演练评估报告、应急处置总结报告、HSE 体系审核报告及投诉举报方面的资料，梳理归纳应急预案存在的问题	资料分析	
	就资料分析的情况，与各层级相关业务部门及基层单位相关人员沟通交流，评估确认应急预案存在的问题	人员访谈	
其他	查阅其他有可能影响应急预案适用性因素的文件资料，对照评估应急预案中的不符合项	资料分析	
	就资料分析的情况，采取人员访谈、现场验证、推演论证的方式进一步评估确认应急预案存在的问题	人员访谈现场验证推演论证	

(6)应急预案发布。

应急预案经评审通过后，由本单位主要负责人签署，向本单位从业人员公布，并及时发放有关部门、岗位和相关应急救援队伍。

生产经营单位应当将有关事故风险的性质、影响范围和应急防范措施告知事故风险可能影响到的周边其他单位和人员。

(7)应急预案备案。

危化品生产、经营、储存、运输单位，应当在应急预案公布之日起 20 个工作日内，按照分级属地原则，向县级以上人民政府应急管理部门和其他负有安全生产监督管理职责的部门进行备案，并依法向社会公布。申请备案资料包括：

1）应急预案备案申报表。

2）应急预案评审意见。

3）应急预案电子文档。

4）风险评价结果和应急资源调查清单。

（8）应急预案修订。

当出现下列情形之一时，需要及时修订应急预案：

1）依据的法律、法规、规章、标准及上位预案中的有关规定发生重大变化的。

2）应急指挥机构及其职责发生调整的。

3）安全生产面临的风险发生重大变化的。

4）重要应急资源发生重大变化的。

5）在应急演练和事故应急救援中发现需要修订预案的重大问题的。

6）编制单位认为应当修订的其他情况。

2.4.2.4　应急资源保障

（1）应急资金保障。

应急资金是保障企业发生突发事件时投入开展应急救援工作的前提保障，没有可靠的资金渠道和充足的应急管理经费，无法保证应急管理体系的正常有效运转。因此，企业应确定应急资金投入的保障措施，确保年度应急资金列支渠道畅通，足额保障。

（2）应急队伍保障。

按照专业救援和职工参与相结合、险时救援和平时防范相结合的原则，建设专业队伍为骨干、兼职队伍为辅助、职工队伍为基础的企业应急队伍体系。企业需建立专（兼）职应急救援队伍或与邻近专职救援队签订救援协议。对已经建有专兼职消防队的企业，其应急救援队伍应当依托已有的专（兼）职消防队组建，并应加强应急队伍的训练和管理，确保突发情况下的应急救援保障。

（3）应急物资保障。

应急救援物资应根据企业危化品的种类、数量和危化品事故特征和事故风险评估结果进行配置和储备。应急救援物资配备应确保系统配套、搭配合理、功能齐全、数量充足，应满足单位员工现场应急处置和企业应急救援队伍所承担救援任务的需要。

1）应急物资购置。企业物资管理部门应根据现场实际需要与应急预案要求的种类、数量进行应急物资的采购，在同级预案中，不同预案所需同一应急物资的，按照不低于单项预案所需的最大量采购；非关键的物资，也可委托相关单位直接采购。凡委托相关单位自行采购的应急物资，要选择有资质、产品质量可靠、售后服务及时的供应商。

2）应急物资储存。

①应急物资储备实行24小时封闭式管理，专库储存、专人负责，定期清查、盘库。应急物资入库、保管、出库等应有完备的凭证手续，做到账实相符、账表相符。

②对新购置入库应急物资应进行数量和质量的验收。

③应急物资库房应避光、通风良好，应有防火、防盗、防潮、防鼠、防污染等措施。

④每批应急物资应有标签，标明品名、规格、产地、编号、数量、质量、生产日期、入库时间等，具有使用期限要求的物资应标明有效期。

⑤应急物资应分类存放，严禁接触酸、碱、油脂、氧化剂和有机溶剂等。

⑥应急物资的储存地点应满足"取用安全且及时"的原则。

⑦具有使用期限要求的应急物资，应在到期前，提前上报，申请购置补充。

3）应急物资维护与保养。应急物资只能在发生突发事件、举行应急演练和危险场所作业的情况下使用。企业应每月至少一次对库内应急物资进行保养、维护，对过期、失效、损坏的设备、物资及时进行更换，对需要定期保养的应急物资及时进行维护。

2.4.2.5 应急培训与演练

1. 应急培训

生产经营单位业务主管部门负责组织开展应急预案及应急管理方面的培训，每年初对应急指挥人员、应急处置人员（包括专兼职救援队伍）、应急保障人员开展应急履职能力评估和应急培训需求分析，并制订针对性应急培训计划，通过实施培训使其了解并掌握应急预案及应急管理方面的相关要求，并具备必要的应急技能。如果应急预案修订更新了，也应及时组织开展相关人员的培训。

基层各单位负责组织开展本单位现场应急处置方案及应急物资管理方面的培训。通常情况下，现场员工应急培训的内容应基于岗位事故风险的类型、应急状况下的岗位履职要求和员工应急履职能力评估结果进行策划和实施，不同岗位培训需求可能会有所区别，但基本内容应一致并至少包括：工作环境危险源及危害因素清单、隐患台账和隐患辨识方法、本企业及本行业典型事故案例、事故报告流程、事故先期处置基本应急操作、个人防灾避险知识、自救方法、紧急逃生疏散路线、初级卫生救护知识、劳动防护用品的使用和应急预案演练等。

应急管理人员培训要点应从如何迅速、有效地应对可能发生的事故，控制或降低其可能造成的后果和影响，而进行的一系列有计划、有组织的管理，涵盖应急管理的预防、准备、响应及恢复四个阶段的基本要求，基本内容应包括：安全生产应急管理相关法规和标准的主要内容（如应急预案编制导则、应急预案评审的类型及内容、应急预案的备案要求、危险源辨识与评价方法）；突发事件的概念、特征、分类和分级；综合应急预案、专项应急预案和现场处置方案的基本要求；应急能力评估方法、评估指标及评估过程；应急现场常用个体防护与救助知识；典型事故应急管理的经验与教训等。

2. 应急演练

（1）应急演练的目的。

①重点检验应急预案中应急指挥、处置行动、协同保障等响应流程、环节等存在的问题，完善和提高预案的针对性、实用性和可操作性。

②检查应对突发事件所需的应急救援队伍、物资、设备、装备、技术等方面的准备情况，改进应急处置技术，补充应急装备和物资，提高其适用性和可靠性。

③增强演练组织单位、参与单位和人员等对应急预案、应急处置技能的熟练程度，提高应急救援人员在紧急情况下妥善处置事故的能力。

④进一步明确相关单位和人员的职责任务，理顺工作关系，完善应急机制，

提高政企联动、上下联动、多部门联动、专职和专业救援力量联动等协调配合能力。

（2）应急演练的原则。

①结合实际、合理定位。结合应急管理工作实际，根据资源条件确定演练方式和规模。

②着眼实战、讲求实效。以提高应急指挥人员的指挥协调能力、应急队伍的实战能力为着眼点，重视对演练效果的评价（估）、考核、总结以及推广好的经验，及时整改存在的问题。

③精心组织、确保安全。精心策划演练内容，科学设计演练方案，周密组织演练活动，制定并严格遵守安全措施，确保演练安全。

④统筹规划、厉行节约。统筹规划应急演练活动，适当开展跨地区、跨部门、跨行业的综合性演练，充分利用现有资源，努力提高应急演练效益。

（3）应急演练计划制订。

生产经营单位应根据本单位的事故风险特点，每年至少组织一次综合应急预案演练或者专项应急预案演练，每半年至少组织一次现场处置方案演练。危化品等危险物品的生产、经营、储存、运输单位，应当至少每半年组织一次生产安全事故应急预案演练。

年度应急演练计划主要包括：年度演练频次、演练类型、时间安排、参与人员、经费保障等。

（4）应急演练实施。

应急演练按照演练形式可分为桌面演练、实战演练。企业应根据选定的演练形式制定应急预案演练方案。演练方案主要包括"目的及要求、事故情景、规模及时间、主要任务及职责、筹备工作内容、主要工作步骤、技术支撑及保障条件、评估与总结"等内容。在"演练—评估—反馈—优化"的过程中，不断提高应急预案及处置步骤的可操作性，验证应急物资、装备的适用性，提升应急指挥能力，增强应急处置能力。

桌面演练是针对事故情景、利用图纸、沙盘、流程图和视频会议等辅助手段，进行交互式讨论和推演的应急演练活动。桌面演练是由应急组织的代表或关键岗位人员参加的，按照应急预案及其标准工作程序，讨论紧急情况时应采取行动的演练活动。桌面演练的特点是对演练情景进行口头演练，一般是在会议室内举行。其主要目的是锻炼参演人员解决问题的能力，以及解决应急组织相互协作和职责划分的问题。

实战演练是针对事故情景、选择(或模拟)生产经营活动中的设备设施、装置或场所，利用各类应急装备、物资，通过决策行动实际操作，完成真实应急响应的过程。实战演练要坚持"协调一致、实战实训、上下联动"，要做到"情景求真、演练求实、评估求严"。

(5)应急演练评估。

应急演练评估是指成立应急演练评估组，对应急演练全过程进行科学分析和客观评价，并形成评估总结报告。其内容主要包括：

①应急演练准备、实施及执行情况。

②指挥协调、应急处置和应急联动情况。

③参演队伍及人员实际表现。

④暴露出应急预案存在的问题。

⑤应急资源的适用性。

⑥对完善应急准备、应急预案等方面的意见和建议等。

评价结论给出优(无差错地完成了所有应急演练内容)、良(达到了预期的演练目标，差错较少)、中(存在明显缺陷，但没有影响实现预期的演练目标)、差(出现了重大错误，演练预期目标受到严重影响，演练被迫中止，造成应急行动延误或资源浪费)等评估结论。

演练组织单位应根据评估总结报告中提出的问题和不足，分析总结存在问题和不足的原因，制定整改措施，并跟踪督促整改落实。实战演练实施情况评估表见表2-19。

表2-19　实战演练实施情况评估表(范例)

评估项目	评估内容
1. 预警与信息报告	1.1 演练单位能够根据监测监控系统数据变化状况、事故险情紧急程度和发展势态或有关部门提供的预警信息进行预警
	1.2 演练单位有明确的预警条件、方式和方法
	1.3 对有关部门提供的信息、现场人员发现险情或隐患进行及时预警

评估项目	评估内容
1. 预警与信息报告	1.4 预警方式、方法和预结果在演练中表现有效
	1.5 演练单位内部信息通报系统能够及时投入使用，能够及时向有关部门和人员报告事故信息
	1.6 演练中事故信息报告程序规范，符合应急预案要求
	1.7 在规定时间内能够完成向上级主管部门和地方人民政府报告事故信息程序，并持续更新
	1.8 能够快速向本单位以外的有关部门或单位周边群众通报事故信息
2. 紧急动员	2.1 演练单位能够依据应急预案及时确定事故的严重程度及等级
	2.2 演练单位能够根据事故级别，启动相应的应急响应，采用有效的工作程序，警告、通知和动员相应范围内人员
	2.3 演练单位能够通过总指挥或总指挥授权人员及时启动应急响应
	2.4 演练单位应急响应迅速，动员效果较好
	2.5 演练单位能够适应事先不通知突击抽查式的应急演练
	2.6 非工作时间以及至少有一名单位主要领导不在应急岗位的情况下能够完成本单位的紧急动员
3. 事故监测与研判	3.1 演练单位在接到事故报告后，能够及时开展事故早期评估，获取事故的准确信息
	3.2 演练单位及相关单位能够持续跟踪、监测事故全过程
	3.3 事故监测人员能够科学评估其潜在危害性，并及时报告事态评性信息
4. 指挥和协调	4.1 现场指挥部能够及时成立，并确保其安全高效运转
	4.2 指挥人员能够指挥和控制其职责范围内所有参与单位及部门、救援队伍和救援人员的应急响应行动
	4.3 应急指挥人员表现出较强指挥协调能力，能够对救援工作全局有效掌控
	4.4 指挥部各成员能够在较短或规定时间内到位，分工明确并各负其责
	4.5 现场指挥部能够及时提出有针对性的事故应急处置措施或制定切实可行的现场处置方案，并报总指挥部批准
	4.6 指挥部重要岗位有后备人选，并能够根据演练活动进行合理轮换
	4.7 现场指挥部制定的救援方案科学可行，调集满足现场实际需求的应急资源和装备
	4.8 现场指挥部与当地政府或本单位总指挥部实现信息持续更新和共享

评估项目	评估内容
4. 指挥和协调	4.9 应急指挥决策程序科学，内容科学可行，有预见性
	4.10 指挥部能够对事故现场有效传达指令，进行有效管控
5. 事故处置	5.1 参演人员能够按照处置方案规定在指定的时间内迅速到达现场开展处置和救援
	5.2 参演人员能够对事故先期状况作出正确判断，采取的先期处置措施科学、合理，处置结果有效
	5.3 现场参演人员职责清晰、分工合理
	5.4 应急处置程序正确、规范，处置措施执行到位
	5.5 参演人员之间有效联络，沟通顺畅有效，并能够有序配合，协同救援
	5.6 事故现场处置过程中，参演人员能够对现场实施持续安全监测或监控
	5.7 事故处置过程中采取了措施防止次生或衍生事故发生
	5.8 针对事故现场采取必要的安全措施，确保救援人员安全
6. 应急资源管理	6.1 根据事态评估结果，能够识别和确定应急行动所需的各类应急资源和装备，同时根据需要联系应急资源供应方
	6.2 参演人员能够快速、科学地使用外部提供的应急资源并投入应急救援行动
	6.3 应急设备设施、器材等数量和性能能够满足现场应急需要
7. 应急通信	7.1 通信网络系统正常运转，通信能力能够满足应急响应的需求
	7.2 应急队伍能够建立多途径的通信系统，确保通信畅通
	7.3 有专职人员负责通信设备的管理
8. 信息公开	8.1 明确事故信息发布部门、发布原则，事故信息能够由现场指挥部及时准确向新闻媒体通报
	8.2 指定了专门负责公共关系的人员，主动协调媒体关系
	8.3 能够主动就事故情况在内部进行告知，并及时通知相关方(家属/周边居民等)
	8.4 能够对事件舆情持续监测和研判，并对涉及的公共信息妥善处置
9. 人员保护	9.1 演练单位能够综合考虑各种因素并协调有关方面确保各方人员安全
	9.2 应急救援人员配备适当的个体防护装备
	9.3 有受到或可能受到事故波及或影响的人员的安全保护方案
	9.4 针对事件影响范围内的特殊人群，能够采取适当方式发出警告并采取安全防护措施
10. 警戒与管制	10.1 关键应急场所的人员和应急装备、物资进出通道受到有效管制，保证道路畅通
	10.2 合理设置了交通管制点，划定管制区域
	10.3 各种警戒与管制标志、标识设置明显，警戒措施完善

评估项目	评估内容
11. 医疗救护	11.1 应急响应人员对受伤害人员采取有效先期急救，急救药品、器材配备有效
	11.2 及时与场外医疗救护资源建立联系求得支援，确保伤员及时得到救治
	11.3 现场医疗人员能够对受伤人员伤情作出正确诊断，并按照既定的医疗程序对伤病人员进行处置
12. 现场控制及恢复	12.1 针对事故可能造成的人员安全健康与环境、设备设施方面的潜在危害，以及为降低事故影响而制定的技术对策和措施有效
	12.2 事故现场产生的污染物或有毒有害物质能够及时、有效处置，并确保没有造成二次污染或危害
	12.3 能够有效安置疏散人员，清点人数，划定安全区域并提供基本生活等后勤保障
	12.4 现场保障条件满足事故处置、控制和恢复的基本需要
13. 其他	13.1 演练情景设计合理，满足演练要求
	13.2 演练达到了预期目标
	13.3 参演的组成机构或人员职责与应急预案相符
	13.4 参演人员能够按时就位、正确并熟练使用应急器材
	13.5 参演人员能够以认真态度融入整体演练活动中，并及时、有效地完成演练中应承担的角色工作内容
	13.6 应急响应的解除程序符合实际并与应急预案中规定一致
	13.7 应急预案得到了充分验证和检验，并发现了不足之处
	13.8 参演人员的能力得到了充分检验和锻炼

应急演练评估表见表 2 – 20。

表 2 – 20 应急演练评估表（范例）

演练名称			
演练时间		演练地点	
组织单位		参与人数	
演练类别	□ 桌面演练 □ 实战演练		
演练目的、目标	□ 检验预案 □ 锻炼队伍 □ 磨合机制 □ 宣传教育 □ 完善准备演练目标		

演练效果评价	应急演练准备	演练计划	□ 有计划，方案、脚本、指南齐全 □ 有计划，方案、脚本、指南不齐全
		场地物资	□ 场地布置合理，物资充分有效 □ 场地布置不合理，物资准备不充分
	应急演练组织与实施	预警与报告	信息报告：□ 及时，准确　□ 不及时，不准确　□ 未进行汇报 预警行动：□ 及时，到位　□ 不及时，不到位　□ 未采取预警行动
		指挥协调	指挥组：□ 准确、高效　□ 协调基本顺利，能满足要求 □ 效率低，有待改进
		事故监测与分析	□全面，准确　□基本符合　□不全面，判断错误
		现场处置	□ 措施得当，有效　□ 基本可控　□ 措施不得当，无效
		社会沟通	□ 全面，及时　□ 不全面，不及时
	应急演练效果	预案符合性	□ 全部能够执行，完全满足应急需要 □ 执行过程不够顺利，基本满足需要完善 □ 明显不适宜，不充分，必须修改
		队伍机制	□ 队伍响应迅速，机制有效完善
		指挥协调	□全面，准确　□基本符合　□不全面，判断错误
		成本控制	
		效果评价	□ 达到预期目标
演练中好的做法			
演练中发现的问题			
评价人		演练担任角色		评价日期	

2.4.3 工艺事故/事件管理

（1）概述。

《安全生产法》第八十三条规定：生产经营单位发生生产安全事故后，事故现场有关人员应当立即报告本单位负责。单位负责人接到事故报告后，应当迅速采取有效措施，组织抢救，防止事故扩大，减少人员伤亡和财产损失，并按照国家有关规定立即如实报告当地负有安全生产监督管理职责的部门，不得隐瞒不报、谎报或者迟报，不得故意破坏事故现场、毁灭有关证据。

工艺安全事故是指危化品或能量的意外泄漏（释放），造成人员伤害、财产损失或环境破坏的事件。事故往往是违背人们意志的，能够迫使生产经营活动暂时或永久停止，且具有随机性质，是一种突然发生的、出乎人们意料的意外事件。同时，事故还具有因果性，是各种危险因素相互作用的结果，在实际生产经营中表现为事故隐患或各种能够导致事故发生的客观条件。如果能够找到可能发生事故的原因和规律，并采取有针对性的预防措施，一切事故都是可以预防的。

按照《生产安全事故报告和调查处理条例》（国务院第493号令）中规定的事故等级划分标准，事故可分为特别重大事故、重大事故、较大事故和一般事故。而按照事故类型进行分类，工艺安全事故通常分为人员伤亡事故、火灾事故、生产事故、设备事故等。

1）人员伤亡事故：在生产经营过程中由于企业的设备和设施不安全、劳动条件和作业环境不良、管理不善及领导指派到企业外从事与本企业有关的活动所发生的人身伤害、急性中毒事故。

2）火灾事故：在生产过程中，由于各种原因发生的失去控制的燃烧（包括由于爆炸物品、易燃可燃液体、可燃气体、蒸汽、粉尘以及其他化学易燃易爆物品爆炸引起的燃烧）造成财产损失但未造成人员伤亡的事故。

3）生产事故：由于违反操作规程、违章指挥及管理原因造成停（减）产、跑料、串料、油气泄漏、化学危险品泄漏，但没有人员伤亡的事故。

4）设备事故：凡因操作使用不当，违反操作规程，使设备发生非正常损坏，而被迫停止使用或效能降低者，均为设备事故，但没有人员伤亡的事故。

事故/事件是有效提升管理的资源。我们应树立"所有事故都可以预防""事故事件是资源"的理念，鼓励形成主动报告事故/事件的氛围，及时对事故/事件进行调查、分析，找出管理原因，制定针对性的改进措施，预防同类事故/事件的再次发生，提升管理绩效。

（2）管理流程。

工艺事故/事件管理流程如图2-20所示。

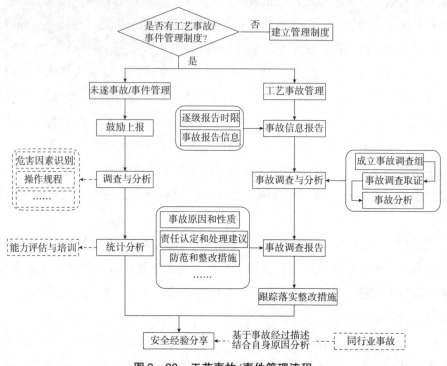

图 2-20　工艺事故/事件管理流程

2.4.3.1　建立工艺事故/事件管理制度

企业应建立并实施《工艺事故/事件管理制度》，通过对工艺事故/事件的调查、分析和处理，制定纠正和预防措施，防止再次发生类似事故事件。

《工艺事故/事件管理制度》具体内容可包括"目的、适用范围、术语和定义、规范性引用文件、职责划分、管理要求(事故/事件的分类分级标准或判据、事故信息报告程序及内容要求、事故调查与分析、事故调查报告编制及管理要求、整改措施的跟踪落实、未遂事故/事件管理和安全经验分享等)"。

制度应鼓励员工报告各类事故/事件，包括未遂事故。通过事故/事件的调查分析应找出导致事故/事件的直接原因直至根源所在，并提出对应的整改措施，以防止类似事故/事件的再次发生或减轻事故/事件发生时的后果严重度。事故/事件作为企业的宝贵经验和教训，应将其调查报告及整改措施及时进行经验分享，并结合外部相关事故/事件信息和经验教训举一反三，以提高员工的风险意识和风险管控能力。

2.4.3.2　事故信息报告

事故信息报告应坚持及时、准确、据实、完整的原则。事故发生后,事故现场有关人员包括负伤人员,应当立即向本单位负责人报告。单位负责人接到事故报告后,应当立即启动预案,迅速采取有效措施,组织抢救,防止事态扩大,减少人员伤亡和财产损失。单位负责人在组织抢救的同时,按照国家安全生产监督管理总局令第21号《生产安全事故信息报告和处置办法》第六条规定:生产经营单位发生生产安全事故或者较大涉险事故,其单位负责人接到事故信息报告后应当于1小时内报告事故发生地县级以上应急管理部门和负有安全监管职责的部门报告。发生较大以上生产安全事故的,事故发生单位同时还应当在1小时内报告省级安全生产监督管理部门。

报告事故信息主要包括:事故单位概况(名称、地址、性质、产能等基本情况);事故发生的时间、地点及现场情况;事故简要经过(包括应急救援情况);事故已造成或可能造成的伤亡人数(包括下落不明、涉险的人数)和初步估计直接损失;已经采取的措施;其他应当报告的情况。任何单位、部门对所发生的事故不得迟报、漏报、谎报或者瞒报。

2.4.3.3　事故调查与分析

(1)事故调查原则。

1)实事求是原则:根据客观存在的情况和证据,运用科学的方法与技术进行事故分析,寻找事故发生的原因。

2)四不放过原则:事故原因未查明;事故责任人未受到处理;事故责任人和周围群众未受到教育;事故预防和整改措施未落实。

3)公开公正原则:以事实为依据,以法律为准绳;对事故调查处理的结果要在一定的范围内公开。

4)分级管辖原则:按照事故级别由相应的管理层级组织开展调查。

(2)事故调查程序。

1)成立事故调查组,调查组成员选择要求具有事故调查所需的技术和知识,同时与所调查的事故没有直接利害关系。

2)事故调查取证。

①现场处理:事故发生时,应及时救护受伤害者,采用措施制止事故蔓延扩大;保护事故现场,凡是与事故有关的物体、痕迹、状态,一律不得破坏;为了

抢救受伤害者需要移动现场的某些物体时，必须做好现场标志。

②物证搜集：现场物证包括破损部件、碎片、残留物、致害物的位置等；在现场收集到的所有物件均应贴上标签，注明地点、时间、管理者等；所有物件应尽量保持原样，不准冲洗擦拭；对人体健康有危害的物品，应采取不损坏原始证据的安全防护措施。

③事故事实材料收集：事故发生的时间、地点；受害人和肇事者的姓名、性别、年龄、文化程度、职业、技术等级、工龄、本工种工龄、支付工资的形式；受害和肇事者的技术状况，接受安全教育情况；出事当天，受害人和肇事者工作时间、内容、工作量、作业程序、操作时的动作或位置；受害人和肇事者过去的事故记录等；事故前设备设施等的性能和质量状况；使用的材料的状况；有关设计和工艺方面的技术文件，工作指令和规章制度方面的资料及执行情况；有关工作环境方面的状况；个人防护措施状况；出事前受害人和肇事者的身体健康情况以及其他可能与事故致因有关的细节或因素。

④现场摄影、绘图或摄像：显示残骸和受害者原始存息地的所有照片或录像；可能被清除或被践踏的痕迹、地面和建筑物的痕迹、火灾引起损害的照片等；事故现场全貌；利用摄影或录像，以提供较完整事故调查信息内容。

3)事故分析。整理分析有关证据、资料，通过事故分析方法(事件树、事故树、工作前安全分析等)，查明事故发生的经过以及造成的后果，明确事故发生的直接原因和间接原因，并确定事故责任。

直接原因是指由于人的不安全行为、物的不安全状态而导致的能量失控的直接因素。

间接原因是指导致事故事件直接原因产生或存在的因素。主要包含以下四方面：

①人的因素：缺乏安全操作技能和知识、责任心不强、心里紧张或着急、工作压力大、注意力不集中、疲劳操作等。

②物的因素：技术和设计上有缺陷，工业构件、建筑物、机械设备、仪器仪表、工艺过程、操作方法、维修检验等的设计、施工和材料使用中存在问题。

③环境因素：光线不佳，设备布局不合理，秩序混乱等。

④管理原因：由于管理上存在问题导致事故发生。

2.4.3.4　事故调查报告

事故调查主要目的和工作任务是：查明事故发生的经过、原因、人员伤亡情况及直接经济损失；认定事故的性质和事故责任；提出对事故责任者的处理建议；总结事故教训，提出防范和整改措施。

按照《生产安全事故报告和调查处理条例》的规定，事故调查报告的编制主要包括以下内容：

①事故发生单位概况。

②事故发生经过和事故救援情况。

③事故造成的人员伤亡和直接经济损失。

④事故发生的原因和事故性质。

⑤事故责任的认定以及对事故责任者的处理建议。

⑥事故防范和整改措施。

⑦有关证据材料，以及调查组成员签字。

重大事故报告永久保存，一般事故至少保存 5 年。除政府要求的报告外，企业应对事故报告保存的期限予以明确。

2.4.3.5　整改措施的跟踪落实

生产经营单位应规定如何跟踪、落实事故调查小组提出的改进措施。防范措施应与事故原因一一对应，从工程技术措施、教育培训措施、管理措施综合考虑，结合本单位管理实际制定，应具有针对性和有效性，并得到及时有效地落实。

在实际执行改进措施的过程中，可能会发现因为客观条件的限制，某些最初提出的改进措施难以落实，或者有更好的方案可以采用，都需要有书面说明和记录。

2.4.3.6　未遂事故/事件管理和安全经验分享

《工艺事故/事件管理制度》中应包括针对未遂事故或事件的管理要求，鼓励员工报告未遂事故/事件，组织对未遂事故/事件进行调查、分析，找出事故根源，预防事故的发生。

定期对事故/事件的数量、类别、原因等进行统计分析；根据分析结果和趋势，改进管理制度标准，制定针对性的管理措施。

事故/事件（包括同行业）的经验教训应及时分享，以增强风险意识和风险控制水平。

1)及时组织分享本单位、同行业有借鉴意义的事故/事件经验教训并改善管理(如修订操作检维修规程、标准、应急预案等)。

2)发生事故事件后对类似装置、作业场所等进行专项隐患排查和审核,举一反三,避免相同管理原因造成的事故或事件重复发生。

2.4.4 符合性审核

(1)概述。

符合性审核是客观地获取审核证据并予以评价,以判定生产经营单位在实际生产经营管理活动中任何与工作标准、惯例、程序、法规、绩效管理体系等偏离的情况,验证其设定的工艺安全管理体系满足审核准则的程度所进行的系统的、独立的并形成文件的过程,是确保工艺安全管理体系有效运行、持续改进的重要手段。

符合性审核本身既是工艺安全管理体系建设的重要组成部分,又是推动各项工作落实的重要工具和抓手,其意义在于验证风险是否被有效控制,各层级审核和各类工艺危害分析提出的整改措施是否已经落实。

(2)管理流程。

工艺安全符合性审核管理流程如图 2-21 所示。

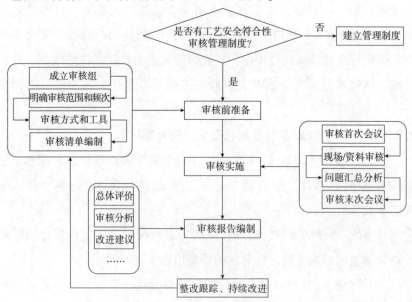

图 2-21 工艺安全符合性审核管理流程

2.4.4.1　建立符合性审核管理制度

生产经营单位应建立并实施《工艺安全符合性审核管理制度》，至少每3年进行一次工艺安全管理的符合性审核，以确保工艺安全管理的有效性。

《工艺安全符合性审核管理制度》具体内容可包括目的、适用范围、术语和定义、规范性引用文件、职责划分、管理要求(审核的范围和频次、审核实施程序、审核前准备工作、审核清单和审核报告的编制要求、审核发现问题的跟踪整改和管理的持续改进等)。

2.4.4.2　审核前准备

(1)成立审核组。

审核组中至少包括一名工艺方面的专家。如果只是对个别工艺安全系统管理要素进行审核，也可以由一名审核人员完成。审核前，组织对所有审核员开展培训，使其掌握审核重点、审核方法与技巧、最新的审核标准和要求，统一审核尺度，保证审核质量。

(2)明确审核范围和频次。

策划工艺安全符合性审核的范围时，需要考虑以下因素：生产经营单位的政策和适用的法规要求，工艺装置或设备设施的性质(加工、储存、其他)，生产经营场所的地理位置，需要审核的工艺安全管理要素，上次审核后相关因素的变更(如法规、标准、工艺设备相邻建筑、设备或人员等)，人力资源。

审核的频率基于风险的程度、以往审核的结果、生产经营单位的规定、相关法律法规和标准的要求确定。工艺安全管理符合性审核的构成部分与最低频次，可依据以上原则作出具体要求。

(3)审核方式和工具。

1)审核方式"1333"。

①把握"一个"中心(风险受控)。

②审核"三条"主线(人的不安全行为、物的不安全状态、环境的不安全因素)。

③沟通"三个"层面(操作层、主管层、领导层)。

④追溯"三个"方向(组织、职责；标准、制度；人员、能力)。

2) 审核思路图。

审核思路如图 2 – 22 所示。

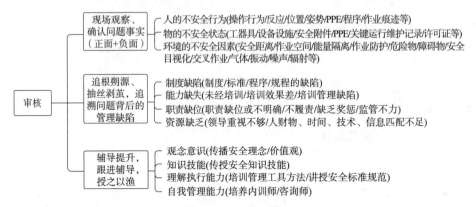

图 2 –22　审核思路

3) 审核路线图。

"人的不安全行为"审核路线如图 2 –23 所示。

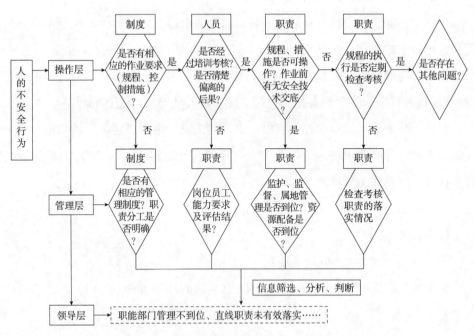

图 2 –23　"人的不安全行为"审核路线

"物的不安全状态"审核路线如图2-24所示。

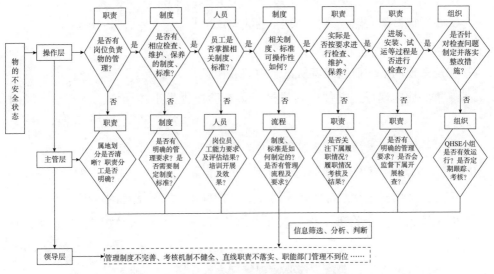

图2-24　"物的不安全状态"审核路线

"环境的不安全因素"审核路线如图2-25所示。

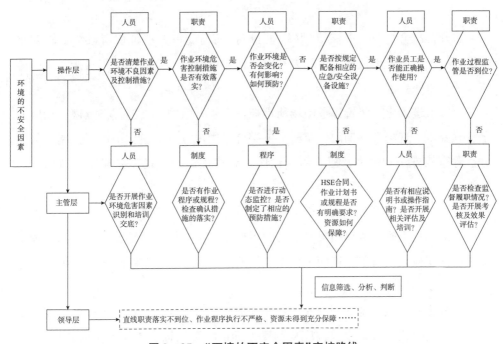

图2-25　"环境的不安全因素"审核路线

4）审核技巧。

①熟悉审核清单、掌握要点，了解新的要求、变化。

②找准审核切入点，寻找 PDCA 的缺陷。

③找对人，不同层次沟通，追溯问题根源。

④留意现场工作痕迹或者从记录中获取信息。

⑤重心放在现场，文件资料只是以供查验或提供审核线索，而不是问题的全部。

⑥坚持原则与灵活性：透过现象看本质，小问题不必太较真，抓大放小；眼前"准备好的问题"都不是大问题，背后"没有准备的问题"才是真正的问题。

⑦更多运用安全观察与沟通、访谈、模拟操作、实战演练的审核技巧。

⑧关注工艺安全管理工作的质量/效果，而不仅是形式/数量或者做/没做、有/没有。

⑨不仅要发现管理问题，还要发现管理亮点。

2.4.4.3　审核实施及报告编制

按照预先的审核计划，审核组长要合理安排审核时间并做好审核组内部成员的分工。

召开首次会之前，审核组（联络员）应提前与受审核单位取得联络，告知审核组行程。到审核单位后，审核方和被审核方可以做必要的介绍和对接，明确审核范围和审核要求。

审核员进入生产装置等危险场所审核，必须有陪同人员随行，且遵守场所安全管理要求。现场审核期间，审核员要综合运用观察、沟通、访谈、查阅、数据分析等审核方法，由表及里、由点到面，寻找优点，查找存在问题，追溯管理原因。

现场审核结束时，审核组应与被审核单位就审核发现进行充分沟通，确保审核问题属实、准确。各审核员对自己的审核发现进行梳理总结，对发现的问题及提出的建议应列出清单，连同审核发现好的方面一并发至本组组长，由组长确定问题性质及不符合项。

审核组对审核发现的问题要进行深度剖析，从要素、专业、单位多角度对审核发现进行分析，被审核单位应从制度标准、教育培训、责任落实、监督考核、人员配置等方面查找和分析问题产生的深层次原因，举一反三、完善制度、消除隐患、系统整改。

审核结束后，审核组整理编制工艺安全管理体系审核报告，内容包括前言、审核目的、依据及范围、审核组织、审核方法、总体评价、好的方法、审核数据统计分析、改进建议等。

2.4.4.4　审核后的跟踪、改进

安全管理部门负责对问题的整改情况进行监督，各专业主管部门对问题整改逐项跟踪验证，逐一确认销项，确保所有问题限期整改、有效整改。如未整改或整改不彻底，继续跟踪，将问题纳入下次审核验证内容。

审核结束后，发现在审核组织管理、人员安排、程序执行等方面存在问题，应及时修订相关程序或方案，持续改进。

第3章 工艺安全管理典型案例

3.1 工艺安全信息(PSI)

案例一

主要关联要素：工艺安全信息、工艺危害分析、操作规程、试生产前安全审查。

(1)审核对象。

某天然气净化厂 N –甲基二乙醇胺(MDEA)低位罐(见图3–1)。

图3–1　MDEA低位罐

(2)存在问题。

由于属地员工对MDEA等物料的理化特性、工艺流程及其设计意图、部分设备构造原理不清楚，氮气周期性置换后未关闭MDEA溶液低位罐罐顶通大气阀门，该阀门处于全开状态，而罐顶另一路工艺流程和溶液储罐罐顶连通汇入水封罐，造成两个储罐的氮封都失效；另两个天然气净化厂因为同样的原因，新鲜胺液罐罐顶与加注口连通阀门未关，原有工艺流程上本来有氮气密封系统及水封系统，但均未投用，没有达到减少溶液挥发和防止溶液与空气接触发生氧化降解的目的。

（3）关注点。

1）工艺安全信息：物料（MDEA、氮气）的化学品安全技术说明书、工艺流程图、工艺管道及仪表流程图等工艺安全信息未掌握并有效使用。

2）工艺危害分析：该企业已开展工艺危害分析，但分析未结合现场实际、未辨识出相关风险：空气进入胺液储罐会导致 MDEA 氧化降解，造成有效胺的损失、pH 值下降、脱硫效果变差；降解产物（有机酸）还增强了溶液的腐蚀性，使溶液易起泡、溶液黏度升高，从而降低塔与换热器的效率。

3）操作规程：查看操作规程，但没有给出明晰的操作及管理要求，也没有开展工艺安全分析用以验证操作规程的实用性。

4）试生产前安全审查：必要的试生产前或投运前安全审查没有履行到位并确认；从投产到历次检维修，人员均未得到足够的培训。

（4）整改措施。

1）学习掌握 MDEA、氮气的理化特性，理解此工序的工艺流程图和工艺管道及仪表流程图及 MDEA、氮气在其中的作用，以为后续工艺安全管理提供扎实基础。

2）在学习掌握和深入理解工艺安全信息的基础上，结合现场实际，运用 HAZOP 等工艺危害分析方法完善危害因素识别，优化改进风险管控措施。

3）基于工艺安全信息和工艺危害分析成果，补充完善操作规程，并周期性运用工艺安全分析方法用以验证操作规程的实用性和员工操作的符合性，持续改进操作规程、提升员工操作技能。

4）试生产前或投运前应组建试生产前安全审查小组，根据相关标准规范、工艺流程图、工艺管道及仪表流程图、设计文件、工艺危害分析报告等编制审查清单，并对小组成员进行职责和清单内容方面的培训，以查找发现类似本案例问题的漏洞和隐患。

案例二

主要关联要素：工艺安全信息、机械完整性。

（1）压缩机二级排气缓冲罐 2014 年定期检验报告。

问题及其处理栏结论：该设备封头局部减薄严重，经强度校核不能满足使用要求，需降压使用，最高工作压力不得超过 25MPa。下次定期检验日期：2017 年 5 月。

（2）存在问题。

1）二级排气管道上安全阀整定压力 35MPa，不符合定期检验报告结论所规定的"最高工作压力不得超过 25MPa"。

2）定期检验报告强度校核剩余壁厚采用实测最小壁厚不符合 TSG 21—2016《固定式压力容器安全技术监察规程》第 8.3.11 条和 TSG R7001—2013《压力容器定期检验规则》第三十一条，强度校核的有关原则为：剩余壁厚按照实测最小值减去至下次检验日期的腐蚀量，作为强度校核的壁厚。

（3）整改建议。

1）重新进行强度校核，安全阀整定压力设定值小于等于强度校核确定的最高工作压力。

2）可参考 GB/T 20322—2006《石油及天然气工业用往复压缩机》第 10.4.5.3 条的规定：安全阀最低设定超出额定排气压力裕度（%）数值要求（24.0 ~ 34.5MPa 时取 6%），采用安全阀整定压力值确定二级排气压力运行上限。

3）参考 TSG ZF001—2006《安全阀安全技术监察规程》B3.2.4 整定压力的调整和 GB/T 12243—2005《弹簧直接载荷式安全阀》（现行 GB/T 12243—2021《弹簧直接载荷式安全阀》）第 5.1 条对整定压力偏差的规定：安全阀起跳压力在其整定压力 ±3% 的范围均正常。故报警联锁停车值应设置在确定二级排气压力运行上限至安全阀整定压力 97% 之间为宜。

3.2　工艺危害分析（PHA）

案例三

主要关联要素：工艺危害分析、工艺安全信息。

（1）某球罐区工艺流程（见图 3-2）。

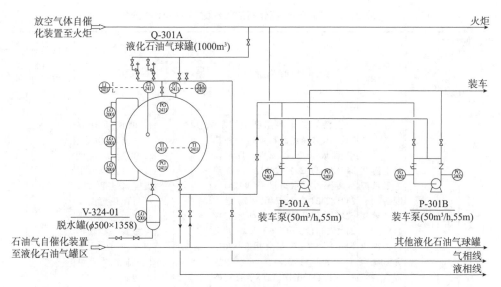

图3-2 某球罐区工艺流程

液化石油气罐区设 5 台 1000m³ 液化石油气球罐、2 台 2000m³ 液化石油气球罐接收气体分馏装置来的液化石油气进行储存，并通过 P-301A/B 泵（$Q=50$m³/h、$H=55$m）、P-301F/G 泵（$Q=45$m³/h、$H=70$m）将液化石油气输送到汽车发车站台，同时 4 台泵互为备用。在装车的同时 P-301A/B 泵还可通过泵出口节流孔板循环。1000m³ 液化石油气球罐基本情况见表 3-1。

表3-1 1000 m³液化石油气球罐基本情况

设备编号	名称	数量/台	规格、类别	设计温度/℃	设计压力/MPa	操作温度/℃	操作压力/MPa	介质	主体材质
Q-301A/B/C/D/F	液化石油气球罐	5	规格型号 ϕ12300 × 38，填装系数 0.85，容积 1000m³，Ⅲ 类容器	-19 ~ 50	1.8	40	1.02	液化石油气	16MnR

（2）HAZOP 分析记录、建议措施及提出理由、目的与可行性分析（见表 3-2）。

表3-2　1000 m³液化石油气球罐区 HAZOP 分析

偏差			偏差产生的原因	已采取的控制措施	风险分析			建议措施	提出的理由、目的及可行性分析	备注
工艺参数	引导词	偏差导致的后果			后果等级 C	发生概率 F	风险等级 R			
温度	偏高	压力升高	1)上游装置来料温度高; 2)外界气温高; 3)外部火灾影响	1)上游装置来料温度受控; 2)防辐射隔热涂料;3)罐底热电阻远传温度显示 TI2411/2421/2431/2441/2461;4)罐顶远传压力显示高报警 PIA2411/2421/2431/2441/2461;5)罐顶现场压力表显示 PG2411/2421/2431/2441/2461;6)现场手动泄压阀;7)双安全阀 SV8701/1～6 和 SV8702/1～6(定压1.5MPa、1.6MPa);8)消防冷却喷淋(9L/m²·min);9)现场设置了火灾报警按钮	4	2	Ⅲ	1)明确管理要求,定期检查、校验远传温度计;2)建议设置温度高报警;3)可考虑设置温度高高报警,和火灾报警一样联锁启动消防喷淋(当前消防喷淋遥控阀已安装,具备联锁启动的基本条件)	1)由于现场温度计损坏弃用;2)及时提示操作人员调整操作;3)防止温度超高引起危险
……										

案例四

主要关联要素:工艺危害分析。

(1)某装置间歇式硝化反应部分工艺流程(见图3-3)。

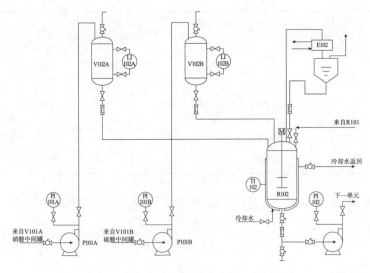

图3-3　气田处理厂污水处理工艺流程

某装置间歇式硝化反应部分操作主要包括以下七个操作步骤：

1）用 P101A 泵从 V101A 硝酸中间罐将硝酸转移至 V102A 高位槽。

2）用 P101B 泵从 V101B 硫酸中间罐将硫酸转移至 V102B 高位槽。

3）用泵从 R101 反应釜将物料转移至 R102 反应釜。

4）利用冷冻水冷却 R102 反应釜内物料至室温。

5）将 V102B 高位槽内部分硫酸重力放入 R102 反应釜。

6）从 V102A 高位槽向 R102 反应釜内滴加硝酸（反应并放热）。

7）反应完成后停止冷却（物料在反应釜内保温）。

以其中的步骤6）为例开展 HAZOP。

（2）HAZOP 分析记录、建议措施及提出理由、目的与可行性分析（见表 3-3）。

表 3-3　间歇式硝化反应工段操作步骤 HAZOP 分析

| 偏差 | | 偏差导致的后果 | 偏差产生的原因 | 已采取的控制措施 | 风险分析 | | | 建议措施 | 提出的理由、目的及可行性分析 | 备注 |
工艺参数	引导词				后果等级 C	发生概率 F	风险等级 R			
硝酸滴加流量	偏高	可能导致反应失控，严重时反应釜超压破裂	滴加硝酸时阀门开度过大	1）反应釜外夹层设计有冷却水循环；2）使用温度显示 TI102	3	2	Ⅲ	1）建议在反应釜 R102 硝酸进料管线上增设一个紧急切断阀，当反应釜温度升高至设定时联锁关闭该切断阀；2）建议将反应釜 R102 增设爆破片并释放至安全地点	1）防止反应釜 R102 由于硝酸滴加量过大导致反应失控；2）防止反应釜超压破裂	
在加入硫酸之前加入硝酸		当硫酸加入反应釜时发生剧烈反应，可能导致反应釜超压破裂	操作顺序错误	无	3	2	Ⅲ	1）在不改变现有流程的情况下，明确操作步骤：一人唱票监督一人操作；2）增加自控系统流程，自动控制该流程实现先加硫酸后加硝酸的功能	统计数据表明，80%左右的事故是由人的失误造成的	

续表

偏差		偏差导致的后果	偏差产生的原因	已采取的控制措施	风险分析			建议措施	提出的理由、目的及可行性分析	备注
工艺参数	引导词				后果等级 C	发生概率 F	风险等级 R			
滴加硝酸时停电		停电后搅拌器停止，如果硝酸持续加入，再启动时，可能导致反应失控甚至爆炸	外部原因	无	4	1	Ⅲ	参考"硝酸滴加流量偏高"分析中的建议措施		
滴加硝酸时停冷冻水		可能导致反应失控	冷冻水系统故障	无	3	2	Ⅲ	1) 建议增设冷冻水入口管线压力指示低报警；2) 在温度显示 TI102 处增设温度高报警、高高报警	1) 当冷冻水压力低、TI102 温度高时，提醒操作人员注意，停止滴加硝酸	

案例五

主要关联要素：工艺危害分析。

(1) 工艺流程(见图 3-4)。

高压燃料气(高压侧设计压力 10MPa)经减压阀组和调节阀组(互为备用)减压后(低压侧管道设计压力 2.5MPa)，进入高压燃料气罐(设计压力 1.6MPa，进出口阀门处设置有"8"字盲板)。考虑装置开停车或高压燃料气罐定期检验等异常工况，设计有高压燃料气罐旁通跨线流程。高压燃料气罐上设置有 2 个安全阀，整定压力一致为 1.58MPa，进口安全阀规格为 DN80，进口汇管规格为 DN80。安全阀排气规格为 DN100，排气汇管规格为 DN200。

(2) 工艺危害分析建议措施。

1) 取消高压燃料气罐上安全阀(一用一备)。

2) 在调节阀组后流程总管上设置安全阀(一用一备)。

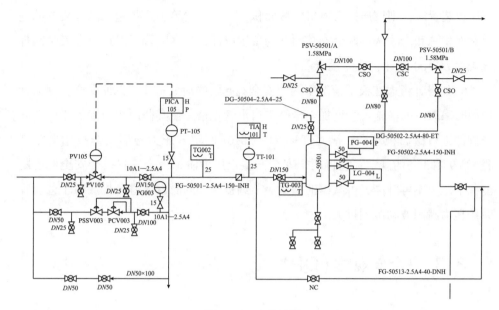

图3-4　工艺流程

3）排气汇管规格由 $DN200$ 变更为 $DN100$。

（3）建议理由。

1）装置开停车或异常工况，运行使用高压燃料气罐旁通跨线流程。此工况调节阀组故障时，低压侧管道无安全泄放装置，可能导致超压爆管。

2）TSG 21—2016《固定式压力容器安全技术监察规程》第9.1.2条关于超压泄放装置的装设要求为：①本规程适用范围内的压力容器，应当根据设计要求装设超压泄放装置，压力源来自压力容器外部，并且得到可靠控制时，超压泄放装置可以不直接安装在压力容器上；②压力容器设计压力低于压力源压力时，在通向压力容器进口的管道上应当装设减压阀，如因介质条件减压阀无法保证可靠工作时，可用调节阀代替减压阀，在减压阀或者调节阀的低压侧，应当装设安全阀和压力表。

3）TSG D0001—2009《压力管道安全技术监察规程——工业管道》第一百二十八条规定，减压阀组的低压侧管道，应当设置安全泄放装置。

4）可以减少压力容器封头开孔补强等，避免应力集中和出现隐蔽缺陷等。

5）两个安全阀整定压力一致，进口汇管截面积是按单个安全阀进口截面积设计。不符合 TSG 21—2016《固定式压力容器安全技术监察规程》第9.1.3条关于超压泄放装置的安装要求为：压力容器一个连接口上安装两个或者两个以上的超压泄放装置时，则该连接口入口的截面积，应当至少等于这些超压泄放装置的进口截面积总和。故认定两个安全阀互为备用设计，排气汇管可以按一个安全阀排气规格 $DN100$ 设计，节约投资。

6）如设计考虑在极端情况下两个安全阀起跳的泄放量才能保证安全，则设计应同时采取下列措施：①增加安全阀进口汇管规格，使其截面积至少等于两个安全阀的进口截面积总和，满足 TSG 21—2016《固定式压力容器安全技术监察规程》第 9.1.3 条的规定；②将两个安全阀整定压力阶梯设定，在一个安全阀起跳能保证压力不再升高，可减少泄漏量，节约资源。同时也能避免排放时工艺流程系统压力瞬间波动范围过大。

3.3　操作规程(OP)

案例六

主要关联要素：操作规程、工艺危害分析。

(1)某石油化工企业液态烃罐区工艺流程说明如下：

来自催化、焦化等装置的含硫液化气，经脱硫后与重催液化气去气体分馏装置，分离出丙烷、丙烯、轻 C_4 和重 C_4 等产品，输送到液化气罐区和丙烯罐区进行脱水、计量和储存，两套重整液化气直接进入罐区储存，最后用泵从罐中抽出送到有关装置和用户。

非正常生产情况下，来自第二催化、焦化装置等处的未脱硫液化气[硫化氢含量可达到 1000×10^{-6} (1000ppm)以上]进入 803 号球罐储存，经脱水排污、计量，由 P-6 泵抽出送至气分装置的液化气脱硫单元。

气体分馏装置出来的重 C_4 由 $DN150$ 管线输出(在罐区内为 $DN100$ 管线)，进入 804 号、805 号、806 号、807 号、808 号球罐，经脱水排污、计量，分析合格后，由 P-2/3 泵抽出分别送至液化气火车站台以及零售液化气站台装汽车和充小罐。

重油催化裂化装置生产的液化气进入 826 号、827 号球罐，经脱水排污、计量，由 B-5/6 泵抽出送至气体分馏装置。

经重整产出的拔头油，进入拔头油罐组 809 号、810 号球罐。经脱水、计量、分析合格后，由 P−9/10 泵送至火车站台、汽车站台。

经气体分馏装置产出的丙烯，由 DN100 管线输出，进入丙烯罐区，转入 822 号、823 号、824 号、825 号、828 号球罐。经脱水排污、计量、分析合格后，由 B−1/2 泵将丙烯罐区的丙烯输送至火车、汽车装车站台，B−3/4 泵将丙烯罐区的丙烯输送至化工总厂，B−8/9 泵将丙烯罐区的丙烯输送至聚丙烯装置。

(2)结合工艺流程图、工艺管道及仪表流程图和生产现场实际，深度审核发现有关操作规程存在以下问题：

1)公用工程部分，无氮气工艺指标，净化风无露点要求，1.0MPa(表压)蒸汽无温度要求。

2)产品收罐操作说明中提到"接对方送油停通知后，关闭罐底一次阀，防止油品串罐"。此条将对罐底一次阀多次开关，可能产生两个后果：①该阀关不严；②阀柄掉铊而打不开。

3)产品付出操作中，变通好罐与泵入口之间的流程后，通知对方做好接收油品准备，在规程中共有六种付出：①丙烯送至聚丙烯装置；②未脱硫液化气送至脱硫装置带炼；③丙烯送至化工厂；④液化气装火车；⑤液化气装汽车；⑥液化气充小罐。这六种付出方案的原则和操作方法步骤说明是正确的，但每种方案缺乏采用文字或流程图的细致说明，如具体阀门、泵的开关顺序，相关岗位的协调协作等。

4)脱水操作中，缺少丙烯和拔头油的脱水步骤。另外，饱和水不是自然沉积于罐底部，而是由于物料温度降低，分离为游离水而沉降至罐底的，因此需要针对不同生产工况和脱水设施补充细化操作说明。

5)管路操作阀说明中有七种情况，涉及第二催化、气分脱硫、二重整、富气、重催、脱硫等六套装置，但与七种生产相关的阀门开关情况阐述不清、图示不明。

6)储罐采样操作中未说明采样的有关注意事项，如果采样阀关不严会产生什么后果、如何处理，以及未脱硫液化气采样时应采取哪些特殊安全防范措施。

7)球罐的安全附件说明中缺少关键信息的详细说明。

8)停工方案内容编写简陋、混乱，缺乏可操作性。例如，球罐内液相介质抽空、气相介质放火炬、氮气置换球罐内残存气体介质放火炬、蒸汽吹扫球罐、空气置换等的具体操作步骤；球罐氧含量采样分析、瓦斯含量采样分析的采样点位置要求等。

9）重大事故处置预案中对于如何用注水泵打水垫层，未做具体说明。另外，缺少球罐着火的紧急处置预案。

10）有关液化气常用基础数据中，缺少多路来料液化气的物性和组成说明，以及部分组分的物性数据。此外，部分物料和组分的物性数据准确性存疑。

（3）整改建议。

1）公用工程部分，明确氮气工艺指标，净化风工艺指标中增加对露点的要求（压力露点），1.0MPa（表压）蒸汽工艺指标中补充对温度的要求。

2）罐底一次阀是在紧急情况下切断时用的，平时应尽量少使用，操作规程中应采取其他措施来防止发生串油。

3）规程中应对六种外送方式再做细化说明，具体包括：

①重 C_4（液化气）付出有三种方案，每种方案的具体流程应包括重 C_4 罐区阀门的开关，去火车站台、厂外零售的管线上阀门的开关，火车站台、厂外零售的液化气放空线、厂外回流线、返回物料进罐区哪些罐，阀门开关情况流程检查完成后，启用哪些泵，本罐区的三个岗位如何协调等。

②丙烯付出：应按重 C_4（液化气）付出的详细说明进行细化补充。

③未脱硫液化气带炼同上。

④应补充规程中缺重催中间罐 826 号、827 号罐接收重催液化气部分，以及重催液化气去气分装置的有关操作。

⑤应补充规程中 809 号、810 号罐接收拔头油和拔头油出厂的有关操作。

4）脱水操作中应补充丙烯和拔头油的脱水说明。此外，球罐区有三种情况要脱水：满罐后半小时脱水；生产罐每三小时脱水；满罐的物料在付出前脱水。球罐区有三类脱水设施：直接从球罐引出排凝线；自动脱水器；二次脱水罐。应对每种脱水设施的脱水方法进行详细说明，或用相关图表进行说明。此外，应补充对液位计的脱水，以及罐脱水和液位计脱水的顺序，另外应注意液位计脱水对液位计测量值的影响。未脱硫液化气脱水时，操作人员应佩戴空气呼吸器，并对周围环境进行检查，防止附近无关人员的存在。

5）管路操作阀说明中应针对七种生产情况，并结合球罐区的管理、计量要求重新详细编写，将与七种生产相关阀门的开关情况在图上标示清楚，并说明操作注意事项。

6）储罐采样操作中应补充安全注意事项，以及采样过程中可能出现的危害因素、危害后果及控制/处置措施。此外，考虑到未脱硫液化气中，硫化氢含量可达到1000×10^{-6}（1000ppm）以上，因此需要明确采样时应采取的防止硫化氢中毒控制措施，如站位要求和佩戴空气呼吸器等。

7）由于每个球罐容积不相同，介质也不相同，安全附件的配备及工艺参数设计是有差别的，所以应将每个球罐的安全附件及其数量、设定参数值等关键信息详细列出。

8）停工方案的重新编写过程应至少考虑以下几点：

①抽空球罐内的液相介质，应以某球罐为例详细说明抽空的具体步骤和开关哪些阀门，以及操作过程中需注意的事项，抽空需达到的标准。

②向放火炬线排放气相介质，应以某罐为例说明具体步骤和开关哪些阀门，以及需注意的事项。

③在球罐压力与火炬线压力平衡后，可以增加用氮气将球罐内残存气体介质向火炬继续置换的步骤，以及有关置换的标准。氮气置换放空时，注意氮气用量的大小，考虑氮气置换后是否需打盲板，并将停工球罐与在用球罐及在用管线隔离。

④蒸汽吹扫球罐，写明吹扫前应将哪些设施和仪表取走，以及蒸汽吹扫合格的标准和过程中的注意事项，尤其需要注意蒸汽的放空和排凝，防止超压和水击。

⑤打开人孔进行空气置换，注意确认罐底无存水后才可卸人孔，采取预防硫化亚铁自燃的措施，防止造成超温和释放有毒气体。

⑥球罐氧含量分析、瓦斯含量分析应明确采样点的代表性。

9）重大事故处理预案中，对于如何用注水泵打水垫层，应按$P-1$泵和$B-7$泵分别说明流程以及注意事项。另外，应补充球罐着火的紧急处理预案。

10）有关液化气常用基础数据中：

①应补充重催、二催化、焦化（富气装置）、重整装置来料液化气的物性和组成，尤其是二催化、焦化未脱硫液化气的典型物性数据。

②液化气主要由C_3、C_4组成，应补充异丁烷、顺$-2-$丁烯、反$-2-$丁烯，$1-$丁烯等的常压沸点数据，因为C_4烃类中顺$-2-$丁烯的沸点最高，而异丁烷的沸点最低。

③应核实丙烯物性的正确性。储罐明细表中丙烯操作温度为40℃时，对应的操作压力为1.2MPa，但是当蒸汽压力表中温度为30℃时，对应的蒸汽压力为1.33MPa(绝)。

④正丁烷常压沸点为-0.5℃[1.033MPa(绝)]，而0℃时蒸汽压力为0.96MPa(绝)，存在错误。

考虑到液化气和丙烯储罐区的危险性和特殊性，物性等基础数据的编写应严肃其科学性，并严格把关、有效利用。

案例七

主要关联要素：操作规程。

(1)审核对象。

原油固定顶储罐的装配图显示泡沫发生器安装位置在9200mm处。原油固定顶储罐出口管线规格为φ219×16，中心线为600mm，出口管线上沿为700mm。

(2)存在问题。

DCS上原油储罐液位(雷达液位计检测)高高报警值设定为9200mm、低低报警值设定为700mm，分别联锁停原油输油泵。不符合SY/T 5225—2019《石油天然气钻井、开发、储运防火防爆安全生产技术规程》第7.4.1.6条的规定：固定顶油罐极限液位为泡沫发生器接口以下30cm，安全液位上限应低于极限液位100cm，安全液位下限应高于进出口管线最高点100cm。

(3)整改措施。

基于SY/T 5225—2019《石油天然气钻井、开发、储运、防火防爆安全生产技术规程》第7.4.1.6条规定，调整液位高、高高、低、低低报警设定值。

3.4   变更管理(MOC)

案例八

主要关联要素：变更管理、工艺危害分析。

（1）事故简介。

某气田处理厂承包商员工在现场停止泥水池外排泵操作过程中，发生一起 H_2S 中毒事故，事故造成 1 人死亡、1 人轻伤。

该处理厂于事故发生前 4 年建成，是集油、气、水、电于一体的综合处理厂，处理高含 H_2S 油气介质的生产场所。

该厂生产能力：天然气处理 $300 \times 10^4 m^3/d$，凝析油处理 $45 \times 10^4 t/a$，气田水处理 $300 m^3/d$，污水处理 $360 m^3/d$，硫黄生产 $39.5 t/d$。

（2）事故经过。

××时 01 分，主岗 A 发现泥水池液位低液位报警，于是安排副岗 B 停运泥水池外排泵。同时 A 发现泥水池泵房内的 H_2S 报警仪在报警，便叮嘱 B 佩戴正压式空气呼吸器操作并要求 B 叫上厂区内正在巡检的副岗 C 共同操作。

××时 10 分，主岗 A 发现 B 没有对停泵操作作出回应，立即通过对讲机呼叫 B。副岗 D 听到对讲机呼叫便进入泥水池外排泵房查看，发现 B 昏倒在地，未佩戴正压式空气呼吸器即下去救助。下去后 D 发现自己一人无法救助，立即跑出泵房叫 C 一起进入房内救人。

××时 12 分，C、D 未佩戴正压式空气呼吸器再次进入泵房内进行救援，C 晕倒，D 感到头晕立即跑出泵房并通知主岗 A。A 立刻安排主控室内的副岗 E、F 佩戴正压式空气呼吸器去现场救人。

××时 13 分，E、F 到达现场后佩戴正压式空气呼吸器和便携式 H_2S 检测仪进入泥水池泵房，先将 C 救出。副岗 G 在泵房外对 C 进行心肺复苏抢救。然后 E、F 又去抬 B，由于 B 体重较重，直至 17 分左右才抬出。

1 小时左右，急救车到达，经医生检查诊断，B 已经死亡；C 被送往医院进行救治，转危为安。

（3）原因分析。

1）直接原因分析：一是凝析油三相分离器水腔液位发生异常波动，最低液位降低至 0，致使三相分离器内 0.7MPa 的高含 H_2S 的闪蒸气通过排污管线窜至泥水池，继而造成泥水池泵房内 H_2S 浓度超高，操作空间内聚集大量的 H_2S 气体。流程示意如图 3 - 5 所示。

二是作业人员违章作业过程中吸入高浓度 H_2S，发生硫化氢中毒。

2）工艺安全管理原因分析：一是对凝析油三相分离器的操作不平稳。仅事故

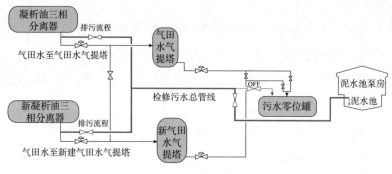

图 3-5   流程示意

发生前一个月，水腔液位因控制不当达到 100% 的有 19 次、达到 0 的有 7 次，水腔液位正常操作为 30% ~80%。从中可以看出，操作波动非常大(人员技能低是主因)，致使三相分离器水腔液位波动较大，造成有毒气体窜气现象。二是现场 H_2S 检测仪频繁报警未引起足够重视。泥水池地坑现场 H_2S 检测仪频繁处于报警状态，导致人员对报警信息不敏感。管理人员没有从根本上消除隐患。三是工艺设计不合理。地坑内可能聚集有毒有害气体，操作人员在地坑中操作，存在中毒或窒息的风险。而设计未从本质安全方面予以考虑，如未考虑轴流风机与 H_2S 监测仪报警联锁，泥水泵操作柱设置在地坑内，泥水池与泵房有多处连通孔，这都为事故的发生埋下隐患。四是泥水池使用功能发生改变但未进行工艺设备变更管理。从某种意义上讲，这直接导致了本次事故的发生。凝析油处理装置气田水的设计处理量为 $300m^3/d(12.5m^3/h)$，而实际气田水来液量达到 $400m^3/d$，且极不均匀，来液量峰值达到 $50m^3/h$，远超过设计处理能力。操作过程中采用部分气田水(未经脱硫处理)经泥水池外排处理的方式(泥水池的暂存介质由检修污水变为含硫气田水)，工艺流程发生显著且具有高度风险的变更。泥水池功能发生改变的情况没有严格执行变更管理程序，没有对变更后的工艺流程进行危害辨识，没有制定相应的有效措施彻底消除隐患、控制风险。

从本次事故中 H_2S 的出现进行追根溯源，可以形成如下逻辑链：

气田水来液量极不均匀 & 气田水来液量超负荷 & 设计不完善→三相分离器液位控制不平稳→凝析油三相分离器水腔液位异常波动(0 液位)→排污管线因流程变更被打开→泥水池出现大量硫化氢 & 泥水池与泥水池泵房之间未密闭隔离→须人工进入操作的泥水池泵房内出现大量硫化氢。

上述事故物链的形成中，变更既是因(事故发生的根源之一)，又是果(生产的需要)，处理不好，就可能带来致命的影响。

3.5　质量保证(QA)

案例九

主要关联要素：质量保证、工艺安全信息。

产品质量验收第一步一般采取查看质量证明文件、铭牌等信息，但经常忽略了其真实性、有效性，或者根本就不知道如何辨别其合规性和有效性。下面单从防爆电气的案例进行分享，质量验收应明确具体的验收内容、验收标准和验收信息查询途径等规定的重要性。

(1)防爆合格证号的有效性。

防爆电动葫芦的按钮铭牌显示其防爆合格证号为 CE8150297，不符合 GB 3836.1—2010《爆炸性环境　第1部分：设备　通用要求》(现行 GB/T 3836.1—2021《爆炸性环境　第1部分：设备　通用要求》)第 29.2 条 d)款规定，防爆合格证编号采用下列形式：两位数字的年份，随后是该年度防爆合格证顺序号，由四位数字组成，它们与年份之间用"."分开。

三相异步电机铭牌显示其防爆合格证号为 CXEx09.598X，依据 GB 3836.1—2010《爆炸性环境　第1部分：设备　通用要求》(现行 GB/T 3836.1—2021《爆炸性环境　第1部分：设备　通用要求》)附录 D，取得防爆合格证的检验程序中的样机检验合格后，检验机构颁发"防爆合格证"，有效期为五年。三相异步电机的防爆合格证的发证日期为 2009 年，有效期应至 2014 年，而其生产日期为 2016 年 9 月，超出有效范围。

(2)防爆合格证的真实性。

如何查询防爆合格证编号是否有效或真实？如：防爆合格证编号为 CNEx12.2120，有效期为 2013 年 4 月 15 日。想要知道出具防爆合格证的认证机构是否具备相应的资质，可通过国家市场监督管理总局—全国认证认可信息公共服务平台查询防爆电气发证机构是否在防爆电气"指定认证机构"或"指定实验室"范围内。

(3)规格型号。

可通过国家市场监督管理总局—全国认证认可信息公共服务平台查询防爆电

气发证机构出具的认证信息是否涵盖产品型号。

(4)进口防爆电气。

进口防爆电气设备必须有强制认证标志。此要求的依据为市场监督总局《强制性产品认证管理规定》第二条"为保护国家安全、防止欺诈行为、保护人体健康或者安全、保护动植物生命或者健康、保护环境,国家规定的相关产品必须经过认证,并标注认证标志后,方可出厂、销售、进口或者在其他经营活动中使用",以及第十条"列入目录产品的生产者或者销售者、进口商应当委托经国家认监委指定的认证机构对其生产、销售或者进口的产品进行认证"。

案例十

主要关联要素:质量保证。

(1)审核对象。

某备件仓库存储的用于分子筛进出口管道法兰(设计压力为12MPa,设计温度为315℃)的50套M70×540双头螺栓,其材质为42CrMoA。

(2)存在问题。

1)该双头螺栓属于铬钼合金钢材料,入库后未对材质进行抽样检验。不符合GB 50184—2011《工业金属管道工程施工质量验收规范》第4章"管道元件和材料的检验"中第4.0.2条的规定:对于铬钼合金钢、含镍低温钢、不锈钢、镍及镍合金、钛及钛合金材料的管道组成件,应对材质进行抽样检验,并应做好标识。检验结果应符合国家现行有关标准和设计文件的规定。

检验数量:每个检验批(同炉批号、同型号规格、同时到货)抽查5%,且不少于一件。

检验方法:采用光谱分析或其他材质复验方法,检查光谱分析或材质复验报告。

2)该双头螺栓用于设计压力为12MPa的管道法兰处,入库后未对螺栓、螺母进行硬度抽样检验。不符合GB 50184—2011《工业金属管道工程施工质量验收规范》第4章"管道元件和材料的检验"中第4.0.7条的规定,合金钢螺栓、螺母应进行材质抽样检验。GC1级管道和C类流体管道中,设计压力大于或等于10MPa的管道用螺栓、螺母,应进行硬度抽样检验。检验结果应符合国家现行有关产品标准和设计文件的规定。

检验数量：每个检验批(同制造厂、同型号规格、同时到货)抽取2套。

检验方法：检查光谱分析或材质复验报告,检查硬度检验报告。

3.6 试生产前安全审查(PSSR)

案例十一

主要关联要素：试生产前安全审查、质量保证、操作规程。

(1)在审核某天然气站注气压缩机时发现：其入口管线(公称压力10MPa)安全阀旁通管线由2个阀门(均处于关闭状态)串联安装,前手阀压力等级为10MPa,后手阀压力等级为4MPa,与原设计图纸不符；安全阀出口未安装下游截止阀,也与原设计图纸不符(见图3-6)。

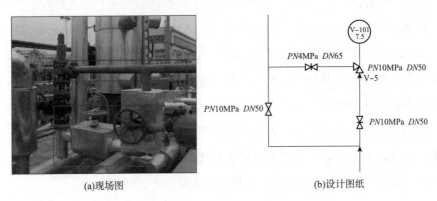

(a)现场图　　　　　　　　(b)设计图纸

图3-6　天然气站注气压缩机

(2)关注点。

1)试生产前安全审查：试生产前安全审查中未发现该问题,查看试生产前安全审查清单,部分清单内容未结合现场实际进行修改完善,审查工作流于形式。

2)追溯到建设质量,可以判断施工方和监理方未履行好自身相应职责。

3)工艺危害分析：安全阀无下游截止阀,一旦故障,在不停运生产装置或单元的情况下,对安全阀进行拆卸或更换时,有放空汇管反窜易燃易爆或有毒有害气体的风险。装置投产后实施过工艺危害分析,但未识别出；安全阀旁通副线由两个压力等级不同的阀门串联，且平时都处于关闭位置，一旦第一道阀门内漏，易造成第二道阀门及管线、法兰等部件憋压泄漏甚至爆裂，工艺危害分析未发现并识别出。

4）人员能力：管理人员和操作人员均不清楚此种情况下的风险，部分人员也不完全了解旁通副线阀的作用所在。

5）操作规程：目前操作规程中仍然要求两个旁通阀都关闭，未与工艺管道及仪表流程图、工艺危害分析等信息有效结合。

6）属地管理：属地主管在试生产前安全审查及多年的运行中，虽经过多次开停工和检维修，均未发现此问题，也未意识到其风险。

案例十二

主要关联要素：试生产前安全审查。

(1)某炼化企业新建厂区办公楼消防系统刚投用后的审核中发现以下问题：

1）消防控制室值班操作人员尚未取得消防控制室操作职业资格证书。

2）现有消防系统操作规程只有气体灭火系统的操作步骤和注意事项，未涵盖喷淋系统、排污系统等操作内容。值班人员和管理人员对喷淋系统、排污系统等操作步骤描述不一致。

3）尚未针对新办公楼火灾制定应急预案，且未进行过相关的应急专业培训和演练。此外，消防控制室火灾事故紧急处理程序流程图中"视情况启动相应的消防设施"边界条件是什么不明确，现场值班人员也不能清晰说明。

4）地下室的众多排烟阀缺少对应的目视化标识，值班人员也不清楚各排烟阀的对应管线。此外，排烟阀的操作需要专用手柄，现场未见有配备。

5）地下消防水池要求正常液位为3m，但液位仪上显示只有0.3m，且补水管线上的阀门不能自动或远程开关，须人工登高操作，值班人员(多为女性)操作有难度。

(2)整改措施。

1）基于国家法律法规、标准规范和设计文件，针对厂区办公楼消防系统编制试生产前安全审查清单，逐项审查并闭环整改。

2)依据《国家职业资格目录》和《特种设备作业人员资格认定分类与项目》等规章制度,明确本单位各岗位职业资格要求。按照 GB 25506—2010《消防控制室通用技术要求》第 4.2.1 条规定,值班人员应持有消防控制室操作职业资格证书。

3)依据 GB/T 29639—2020《生产经营单位生产安全事故应急预案编制导则》规定,编制完善应急预案。按照《生产安全事故应急预案管理办法》相关要求,完善应急管理制度,定期组织开展灭火和应急疏散演练,发现应急预案中存在的问题,提高应急预案的科学性、实用性和可操作性。

4)参考 GB/T 2893.5—2020《图形符号　安全色和安全标志　第 5 部分:安全标志使用原则与要求》和 GB 2894—2008《安全标志及其使用导则》等相关标准要求,完善现场安全标志的管理制度。

5)依据 GB 50974—2014《消防给水及消火栓系统技术规范》第 4.3.9 条和 GB 55036—2022《消防设施通用规范》第 3.0.8 条规定,在消防控制室增加消防水池高低水位报警装置,并根据本单位实际情况,在补水管线上增设自动或远程开关阀门。

3.7　机械完整性(MI)

案例十三

主要关联要素:机械完整性、工艺危害分析。

(1)针对往复式注水泵出口管道腐蚀减薄编制的《隐患监控措施》,内容如下:

1)安全运转的条件:①加强对员工的培训,提高员工的安全意识;②保持注水压力在规定范围不发生超压运行;③由主控人员加强监控,加强巡检,及时处理穿孔。

2)监测检查的要求:①保持注水压力在规定范围不发生超压运行;②及时对隐患管线进行壁厚检测。

3)潜在危害及防控措施:①潜在危害。隐患管线操作及巡检员工人身安全;污水泄漏会造成环境污染。②控制措施。加强监控,发现异常情况及时汇报;及时切换流程；对发生危险区域进行隔离，严禁无关人员靠近；保持注水压力在规定范围不发生超压运行；及时对泄漏污水进行回收。

4）监控程序及责任分工：①由主控人员对隐患管线进行监控；②工艺工程师对隐患管线壁厚进行检测；③发现异常情况时，通知相关领导。

（2）存在问题。

1）管道腐蚀减薄纳入隐患管理，说明可能存在下列几种情况之一：①现有管道壁厚不能承受规定的正常运行压力；②实际腐蚀速率偏离正常范围；③现有管道壁厚减去到下次定检周期正常腐蚀速率计算的腐蚀量后，不能满足管道强度要求；④管道减薄量超过公称厚度的20%。

《隐患监控措施》提到"保持注水压力在规定范围不发生超压运行"，原注水压力规定范围不变更无法保证安全运行。如果是第①种、第③种和第④种情况，控制措施应依据 TSG D7005—2018《压力管道定期检验规则——工业管道》的规定，进行耐压强度校核，校核管道允许（监控）使用压力。

防控措施：经耐压强度校核，明确允许（监控）运行最高工作压力。

2）TSG D0001—2009《压力管道安全技术监察规程——工业管道》第一百二十八条规定，出口可能被关断的容积式泵和压缩机的出口管道凡有以下情况之一者，应当设置安全泄放装置。往复式注水泵属于容积式泵，出口安装有安全阀。如果是第①种和第③种情况，安全阀还应按照强度校核后的允许（监控）使用压力调低整定压力。

防控措施：安全阀整定压力不大于强度校核的允许（监控）运行最高工作压力。

3）往复式注水泵现场出口管道上还安装有电接点压力表。按照工艺运行参数控制表规定，此处应设定高高报警联锁值为15.5MPa，防止超压爆管；低低报警联锁值为9.0MPa，一旦发生爆管，压力降低能及时联锁停泵，减少污染物泄漏量。

防控措施：参照安全阀整定压力确定为高高报警联锁值。

4）现场该电接点压力表高高报警联锁值设定为20MPa、低低报警联锁值设定为0MPa，均与工艺运行参数控制表规定不一致。现阶段无管理规定明确设备本体报警联锁设施设定、测试确认管理流程和对应的管理岗位职责。监控措施中也未明确测厚频次和测厚点位置。

5)编制和审批《隐患监控措施》的管理人员和领导不掌握风险控制措施选择的优先顺序"消除—替代—工程控制—隔离—程序—接触时间—防护用品""消除—削减—控制—预防",也未参加过相关的风险分级管控培训。《隐患监控措施》多处提到"加强巡检""加强监控"和"保持在规定范围"等放置"四海而皆准"的套话、空话,未考虑采用工程技术手段控制风险。

案例十四

主要关联要素:机械完整性、工艺危害分析。

(1)消防泵出口管道上安装有电接点压力表,设定 0.5MPa 停泵联锁。消防泵电源控制回路设有过载保护设备。

(2)存在问题。

1)不符合 GB 50974—2014《消防给水及消火栓系统技术规范》第 11.0.2 条的规定,消防水泵不应设置自动停泵的控制功能,停泵应由具有管理权限的工作人员根据火灾扑救情况确定。

2)不符合 GB 6245—2006《消防泵》第 9.7.9 条关于过流保护装置的规定,控制柜正常操作所需的电路内不得含有过流保护装置。

案例十五

主要关联要素:机械完整性。

(1)某凝析油外输泵进行 4000 小时修保,保养卡记录的试车振动值最高为 5.0 mm/s。《凝析油外输泵修保规程》规定:"检查机泵运转中异常响声和振动情况,必要时要停机检查(振动速度 <12mm/s)。"

(2)存在问题。

1)按照 GB/T 29531—2013《泵的振动测量与评价方法》第 6.2.1 条的规定,评价泵的振动级别,按泵的中心高和转速将泵分为四类。则该凝析油外输泵属于第三类泵。按照该标准第 6.3.2 条的规定,第三类泵的振动速度小于等于 4.5mm/s 可以长期运行,4.5 ~ 7.1mm/s 应择机采取补救措施(如实施维护保养），大于7.1mm/s说明振动已经非常严重，足以导致泵损坏。故《凝析油外输泵检修规程》规定的"振动速度<12mm/s"的判别标准不符合国家标准要求。

2）记录缺少4000小时修保前后的运行参数对比（轴承温度和振动值等）。

3.8 设备变更管理（EMOC）

案例十六

主要关联要素：设备管理变更、试生产前安全审查。

（1）审核对象。

电动屏蔽泵变更。变更内容/理由：原凝液回收泵是电动屏蔽泵，工况要求较高，而介质含杂质较多，使屏蔽泵频繁发生故障。

变更可能引入的风险之一：离心泵存在机封磨损，有毒易燃介质泄漏。

（2）存在问题。

1）设计（外委）时，为避免杂质导致离心泵机封磨损泄漏，机封辅助系统采用API PLAN 32（API Std 682—2002《用于离心泵和回流泵的泵—轴封系统》标准密封冲洗计划32）。该辅助系统用于含有固定颗粒或污染物的场合，使用外部冲洗介质提高密封腔压力或作为一个屏障隔离流体进入密封腔，改善密封工作环境，同时可减少密封面处闪蒸或空气带入（真空工况）。外部冲洗液即使在非正常工况（如开停机）也能持续可靠运行。

在变更施工结束后，试生产前安全审查虽然各层级技术管理人员和负责人均签字确认无变更遗留项。但现场无外部冲洗流程和设施。

2）试生产前安全审查前，未针对设计项目编制审查清单，审查签字凭经验和责任心。从现场机封处留有明显的外部密封冲洗设施安装位置，各层级技术管理人员不具备相关标准规范知识。

3.9 能力评估与培训

危化品行业的从业人员都要求开展安全生产有关法律法规、部门规章及标准规范的培训，但要求的部分条款内容过于原则性，往往操作性不够，不通过针对性的培训很容易出现理解、执行不到位的情况。

案例十七

主要关联要素：能力评估与培训。

《中华人民共和国安全生产法》第二十四条规定："矿山、金属冶炼、建筑施工、运输单位和危险物品的生产、经营、储存、装卸单位，应当设置安全生产管理机构或者配备专职安全生产管理人员。""前款规定以外的其他生产经营单位，从业人员超过一百人的，应当设置安全生产管理机构或者配备专职安全生产管理人员；从业人员在一百人以下的，应当配备专职或者兼职的安全生产管理人员。"

（1）什么是安全生产管理人员和专职安全生产管理人员？

1）依据《生产经营单位安全培训规定》第三十二条规定，生产经营单位安全生产管理人员是指生产经营单位分管安全生产的负责人、安全生产管理机构负责人及其管理人员，以及未设安全生产管理机构的生产经营单位专、兼职安全生产管理人员等。

2）参考《危险化学品企业重点人员安全资质达标导则（试行）》（应急危化二〔2021〕1号）第2.1条规定，专职安全生产管理人员需正式任命，专门从事本企业安全管理工作，一般不得兼任或兼职其他工作。

（2）危化品安全生产管理人员和专职安全生产管理人员任职资格有哪些要求？

1）国务院安委会《全国安全生产专项整治三年行动计划》要求，自2020年5月起，对涉及"两重点一重大"生产装置和储存设施的企业，新入职的主要负责人和主管生产、设备、技术、安全的负责人及安全生产管理人员必须具备化学、化工、安全等相关专业大专及以上学历或化工类中级及以上职称。

2）参考《危险化学品企业重点人员安全资质达标导则（试行）》（应急危化二〔2021〕1号）规定，有生产实体或者储存设施构成重大危险源的危险化学品企业，专职安全生产管理人员需具有化工安全相关专业大专及以上学历，或化工相关专业中级及以上专业技术职称，或化工安全相关工种技师及以上技能等级，或化工安全类注册安全工程师资格；同时具备相应从业经历并经过安全培训。

（3）不同的行业领域生产经营单位应该配置什么专业类别注册安全工程师？

《注册安全工程师职业资格制度规定》(应急〔2019〕8号)中"各专业类别注册安全工程师执业行业界定表3"规定，如行业属于危险化学品生产、储存，石油天然气储存的生产经营单位，其注册安全工程师应取得"化工安全"专业类别；行业属于石油天然气开采的生产经营单位，其注册安全工程师应取得"其他安全(不包括消防安全)"专业类别。

(4)专职安全生产管理人员的配置标准是什么？

1)参考《危险化学品企业重点人员安全资质达标导则(试行)》(应急危化二〔2021〕1号)第2.3条规定，有生产实体或储存设施构成重大危险源的危险化学品企业，具备条件的专职安全生产管理人员需达到以下数量：①从业人员不足50人的，至少1名；②从业人员50人及以上但不足100人的，至少2名；③从业人员超过100人的，不低于从业人员总数2%。该文件第2.4条规定，危险化学品企业从业人员在300人以上的，专职安全生产管理人员中化工安全类注册安全工程师的比例不得低于15%，且至少应当配备1名。

2)《注册安全工程师分类管理办法》(安监总人事〔2017〕118号)第十二条规定，危险物品的生产、储存单位应当有相应专业类别的中级及以上注册安全工程师从事安全生产管理工作。危险物品的生产、储存单位安全生产管理人员中的中级及以上注册安全工程师比例应自本办法施行之日起2年内，金属冶炼单位安全生产管理人员中的中级及以上注册安全工程师比例应自本办法施行之日起5年内达到15%左右并逐步提高。

案例十八

主要关联要素：能力评估与培训。

GB/T 50493—2019《石油化工可燃气体和有毒气体检测报警设计标准》第4.2条对于生产设施的规定为：释放源处于露天或敞开式厂房布置的设备区域内，可燃气体探测器距其所覆盖范围内的任一释放源的水平距离不宜大于10m，有毒气体探测器距其所覆盖范围内的任一释放源的水平距离不宜大于4m。释放源处于封闭或局部通风不良的半敞开厂房内，可燃气体探测器距其所覆盖范围内的任一释放源的水平距离不宜大于5m；有毒气体探测器距其所覆盖范围内的任一释放源的水平距离不宜大于2m。

（1）什么是释放源？

根据 GB 50058—2014《爆炸危险环境电力装置设计规范》的规定，释放源应按可燃物质的释放频繁程度和持续时间长短分级，分为连续级释放源、一级释放源、二级释放源。

一级释放源应为在正常运行时，预计可能周期性或偶尔释放的释放源。下列情况可划为一级释放源：

1）正常运行时，会释放可燃物质的泵、压缩机和阀门等的密封处。

2）贮有可燃液体的容器上的排水口处，在正常运行中，当水排掉时，该处可能会向空间释放可燃物质。

3）正常运行时，会向空间释放可燃物质的取样点。

4）正常运行时，会向空间释放可燃物质的泄压阀、排气口和其他孔口。

二级释放源应为在正常运行时，预计不可能使释放，当出现释放时，仅是偶尔和短期释放的释放源。下列情况可划为二级释放源：

1）正常运行时，不能出现释放可燃物质的泵、压缩机和阀门的密封处。

2）正常运行时，不能释放可燃物质的法兰、连接件和管道接头。

3）正常运行时，不能向空间释放易燃物质的安全阀，排气孔和其他孔口处。

4）正常运行时，不能向空间释放易燃物质的取样点。

可燃气体探测器所检测的主要对象是属于二级释放源的设备或场所。本条各款的规定就是属于二级释放源的具体实例。

一般将下列位置或部位认为是该条款中所指的任一释放源：①气体压缩机和液体泵的动密封；②液体采样口和气体采样口；③液体（气体）排液（水）口和放空口；④经常拆卸的法兰和经常操作的阀门组。

（2）露天或敞开式厂房、封闭或局部通风不良的半敞开式厂房如何界别？

封闭厂房是指有门、有窗、有墙、有顶棚的厂房，半敞开式厂房是指设有屋顶、建筑外围护结构局部采用墙体构造的生产性或储存性建筑物，一般认为封闭墙体面积不超过总墙体面积的一半的建筑，通常多为局部通风不良场所。布置在封闭式厂房内的设备，属于室内布置；布置在半敞开式厂房内的设备，应根据具体的布置情况确定，如果通风不良，也可视为室内布置。

通常，建筑物内，采用强制通风或自然通风的小时通风体积量高于 6 倍建筑体积时为通风良好，此时，爆炸危险区域的空气流量能使易燃物质很快稀释到爆炸下限值的 25% 以下。除此以外，其他相对封闭、缺乏强制或自然通风条件、空间狭小的场所和部位属于局部通风不良。

封闭或半敞开式厂房内有一层或二层。如果可燃气体或有毒气体压缩机布置在厂房的第二层，为安全起见，并尽快检测出泄漏的可燃气体或有毒气体，在二层应按本条规定设置探测器。二层以下（一层），在无释放源的情况下，但工艺介质属比空气重的可燃气体或有毒气体有沉积可能，所以在二层以下（一层）应按 GB/T 50493—2019《石油化工可燃气体检测报警设计标准》第 4.4.4 条的规定设置探测器；有释放源的情况，仍按第 4.2.2 条设置探测器。

（3）以硫化氢含量为 1000×10^{-6}（1000ppm）的天然气为例，如何设置气体探测器？

在可燃气体浓度先于有毒气体达到报警限时，可只设置可燃气体检测器，一样可以起到安全监控的目的。设天然气（以纯甲烷计算）的爆炸下限（LEL）为 5%，可燃气体一级报警值为 1%（取 20% LEL），硫化氢一级报警值为 10×10^{-6}（10ppm）。在出现泄漏后，天然气会在泄漏点附近被空气迅速稀释，当检测器附近检测到 1% 天然气时，可近似认为含 1000×10^{-6}（1000ppm）硫化氢的天然气已经被稀释了 100 倍，此时硫化氢浓度近似为 10×10^{-6}（10ppm），即同时达到可燃气体和有毒气体一级报警值。因此对于介质中硫化氢浓度低于 1000×10^{-6}（1000ppm）的场站，通过设置可燃气体检测器即可达到安全监控的目的。

考虑到天然气和挥发气体成分的复杂性、硫化氢与可燃气体扩散速度的不同以及硫化氢气体的高毒特性，在实际设计中宜取 1 倍的安全系数，即介质中硫化氢浓度在 10×10^{-6}（10ppm）～500×10^{-6}（500ppm）［低于 10×10^{-6}（10ppm）可作为无硫化氢站场处理］之间的场站，可仅设置可燃气体检测器，不设有毒气体检测器。需要注意的是，不管可燃气体是否比空气轻，这类站场均应在可能泄漏处设置可燃气体检测器，进行安全监控。

案例十九

主要关联要素：能力评估与培训。

（1）审核对象。

抽查前两天早中晚三个轮班对 3 号高压给水泵各轴承处进行振动和温度测试

的记录表。记录表中，自由端轴承水平、垂直方向振动值分别为 5.5mm/s 和 4.6mm/s 左右，自由端和止推轴承段轴承温度分别为 70℃ 和 69℃ 左右。

(2)存在问题。

1)安排现场实测自由端轴承水平、垂直方向振动值，两个测试数据分别为 12.2mm/s 和 9.1mm/s，与前两天现场测试数值相差 2.5 倍左右。如此大的偏差，可以合理推断前两天的测试数值存疑。

2)安排现场实测 3 号高压给水泵轴承温度时，红外线测温点选择在机械密封处。但该员工能力评估项为"锅炉泵轴承温度故障判断"，评估结果为 95 分。能力评估结果与实际不符。

3.10 承包商管理

案例二十

主要关联要素：承包商管理。

(1)管线焊接施工现场使用的砂轮机铭牌上显示"选用安全工作线速度为 80m/s 的砂轮片"，而实际使用最高允许线速度为 70m/s 的砂轮片。在使用过程中存在砂轮片崩裂飞去的风险。

(2)现场使用的搅拌机使用正、反向运转控制开关。

(3)存在问题。

1)选用低安全工作线速度的砂轮片易在使用过程中破裂，存在飞去损人的风险。

2)使用正、反向运转控制开关极易存在误操作的可能，不符合 JGJ 46—2005《施工现场临时用电安全技术规范》第 9.1.5 条的规定，正、反向运转控制装置中的控制电器应采用接触器、继电器等自动控制电器，不得采用手动双向转换开关作为控制器。

3)施工机器具入场前的报备检验，无针对不同的施工机器具的检查表，明确检查内容是什么？检查判别标准是什么？

案例二十一

主要关联要素：承包商管理、能力评估与培训。

（1）审核对象。

焊接工作记录表显示，焊工（焊工证"作业项目代号"为：SMAW – feⅡ – 5G – 8.5/60 – Fef3）对材质为 304 不锈钢的特种设备人孔缺陷进行了焊接作业。

（2）存在问题。

1）违反《中华人民共和国安全生产法》第三十条规定，生产经营单位的特种作业人员必须按照国家有关规定经专门的安全作业培训，取得相应资格，方可上岗作业。

同时，不符合 TSG Z6002—2010《特种设备焊接操作人员考核细则》中有关金属材料类别的规定，即焊工采用某类别任一钢号，经过焊接操作技能考试合格后，当发生下列情况时，不需重新进行焊接操作技能考试：①手工焊焊工焊接该类别其他钢号；②手工焊焊工焊接该类别钢号与类别号较低钢号所组成的异种钢号焊接接头；③除 Fe Ⅳ类外，手工焊焊工焊接较低类别钢号。

焊工证"作业项目代号"为：SMAW – feⅡ – 5G – 8.5/60 – Fef3，第二位"feⅡ"为金属材料类别代号，对应的是低合金钢，故只能焊接低碳钢和低合金钢，不能焊接 304 奥氏体不锈钢。

2）承包商焊工资格证书虽备案，但资格审查管理人员未收集对应的标准规范，不清楚焊工证"作业项目代号"的含义。

手工焊焊工操作技能考试项目表示为①–②–③–④–⑤–⑥–⑦，如果操作技能考试项目中不出现其中某项时，则不包括该项。项目具体含义如下：①为焊接方法代号；②为金属材料类别代号，试件为异类别金属材料用"×／×"表示；③为试件位置代号；④为焊缝金属厚度；⑤为外径；⑥为填充金属类别代号；⑦为焊接工艺因素代号。

3）现有管理制度或文件中，未规定施工方案（含焊接工艺技术要求）报送承包商人员资格证书审查管理人员。审查人员不清楚具体的焊接工艺要求，如焊接材质是什么、采用何种焊接方式和使用何种焊条等，就无法对焊工进行资格审查。所谓的焊工资格备案审查只是形式，无管理实质意义。

案例二十二

主要关联要素：承包商管理、符合性审核。

现阶段企业进行精细化、扁平化管理，存在人员定员有限，但有时业务作业面覆盖广，无法及时对承包商施工作业（不涉及高危作业）进行全过程监督管理。往往以文档资料（如检定证书/报告、检维修记录等）作为承包商管理的主要依据，而缺少验证其有效性的管理手段。例如，某高含硫井场有 6 处安装有固定式硫化氢气体检测仪，由承包商进行一年一次的现场定期检定。业务主管部门只以承包商出具的定期检定报告和现场有合格证标签为准。

（1）管理漏洞。

中控室 DCS 系统历史报警记录查询显示，承包商对井口和水套炉区域硫化氢检测仪只进行了一次高报警 10×10^{-6}（10ppm）检定。对计量区硫化氢检测仪分别进行了一次高报警 10×10^{-6}（10ppm）和高高报警 20×10^{-6}（20ppm）检定。其余 3 处固定式硫化氢气体检测仪无报警记录，实际是未检定，还是检测仪信号回路故障或未连接，无法判断。

（2）管理改进建议。

针对不同项目特点，承包商管理制度、流程和合同增加确认实施过程关键节点的监管和考核机制。

1）承包商对固定式气体检测仪定期检定作业，验收必须附有气体检测仪现场报警照片或视频。满足 JJG 695—2019《硫化氢气体检测仪》第 5.3.2 条对报警功能的规定，通入约 1.5 倍报警设定值浓度的气体标准物质，观察仪器声、光或振动报警功能是否正常，并记录仪器的报警浓度值。重复操作 3 次，3 次的算术平均值为仪器的报警值。

2）利用承包商对固定式气体检测仪定期检定作业，增加有人值守的现场控制室、中心控制室等监控系统报警记录截图或照片，以及切断固定式气体检测仪电源再重启验证定检的结果。满足 GB/T 50493—2019《石油化工可燃气体和有毒气体检测报警设计标准》第 3.0.3 条的规定，可燃气体和有毒气体检测报警信号应送至有人值守的现场控制室、中心控制室等进行显示报警；可燃气体二级报警信号、可燃气体和有毒气体检测报警系统控制单元的故障信号应送至消防控制室。

3.11 作业许可

案例二十三

主要关联要素：作业许可、能力评估与培训。

(1)审核对象。

处于检维修状态的凝析油外输泵。检维修工作由外部承包商承担，其机械密封和轴承刚被拆除，但现场未悬挂作业许可证。

(2)关注点。

1)作业许可及风险控制：操作柱电源指示灯亮，电源未切断；防火措施未到位；进出口法兰未进行能量隔离；未开展工作安全分析；触犯所在企业安全"保命"条款等。

2)培训：作业人员清楚自己的工作内容，清楚存在的主要风险，也明白需办理许可证，但安全技术交底未作严格要求、未落实相关作业许可管理标准。

3)属地管理：属地主管清楚工作内容，但未履行好监管职责。

案例二十四

主要关联要素：作业许可、承包商管理。

(1)审核对象。

加氢裂化装置液下泵吊装作业，由长期承包商实施。

(2)存在问题。

工作安全分析流于形式，没有起到实质控制风险的作用，工作前安全分析表(见表3-4)存在以下问题：①表中的危害因素描述及控制措施与实际不符，只是机械地引用了危害因素库和控制措施库中的内容；②提出要制定关键性吊装作业方案，但未见到方案，该吊装也不属于关键性吊装；③"特种作业人员资质证明"一栏打"×"，但对于吊装作业应有人员资格要求。

表3-4　工作前安全分析表

编订编号：JL/SYHL 08 116 - 2014　　　　　　　　　　　　　　　记录编号

部门/单位	加氢裂化区块	工作安全分析组长	A	分析人员	B、C、D
作业名称	加氢裂化液下泵吊装	作业地点/位置	加氢裂化分馏区	提交日期	2015 年 9 月 10 日
作业步骤				使用工作/设备材料	
工作任务简述	加氢裂化液下泵吊装				
工作任务	☑ 新任务　　☑ 已做过的任务　　☒ 交叉作业　　☑ 承包商作业　　☒ 相关操作规程　　☒ 许可证 ☒ 特种作业人员资质证明				

序号	作业类型	危害因素描述	危害因素描述
1	当前条件	其他作业	小心：您的头上正在施工
			小心：您下方有人在作业
			区域技术员现场核查
2	吊装作业	起重伤害	制定关键性吊装作业方案
		泄漏	采取硬防护措施
		物体打击	是否需要梯子或脚手架
			已明确指导信号
			司机有克服吊装盲点的措施
			确认已落实应急措施
			已制定吊挂货物的方法
			设置作业警戒区
			核实物件重量
			已确定作业组中每一个人的任务
			明确物件放置地点
			明确如何运输物件
			考虑物件吊装的平衡方法
			不得将建筑物、构筑物作为借点

3.12 应急管理

案例二十五

主要关联要素：应急管理、能力评估与培训。

（1）场景。

现场模拟液化石油气泄漏应急演练（见图 3 - 7）。

图 3 - 7 现场应急演练

（2）存在问题。

1）访谈部分员工，不清楚报警仪视窗检测结果"LEL%"的含义。

2）现场观摩，指挥员及多数战斗员未打开随身佩戴的可燃气体检测报警仪；大部分消防员未拉下防护面罩；部分战斗员未配备手套。

3）人员、车辆处于下风向。

4）消防水带打卷严重，且使用柱状水冲击泄漏物或泄漏源。不符合《首批重点监管的危险化学品安全措施和应急处置原则》中有关液化石油气的应急处置原则的规定，即喷雾状水抑制蒸气或改变蒸气云流向，避免水流接触泄漏物。禁止用水直接冲击泄漏物或泄漏源。

（3）关注点及整改措施。

1）培训和训练质量。依据 GB/T 29175—2012《消防应急救援 技术训练指南》、GB/T 29177—2012《消防应急救援　训练设施要求》和 GB/T 29179—2012《消防应急救援　作业规程》的规定，结合所处的社会环境特点，通过专业化且接地气的课程开发、优质的外部师资队伍引进和内部师资队伍培养、科学合理和有效激励的训练机制，不断提高培训和训练质量。

2）按照 AQ/T 3043—2013《危险化学品应急救援管理人员培训及考核要求》和 AQ/T 3052—2015《危险化学品事故应急救援指挥导则》的规定，提升应急救援管理人员必要的专业知识、技能、身体素质和心理素质。

3）摸清周边生产经营企业可能使用、储存和经营的危化品种类，参考应急管理部(安监总局)颁布的《重点监管的危险化学品安全措施和应急处置原则》，强化针对性的风险辨识与评价、应急救援训练、应急预案演练及效果评估，增强风险意识，提升现场处置能力。

3.13　事故/事件管理

案例二十六

主要关联要素：事故/事件管理、工艺危害分析、符合性审核。

事件经过：某日 12∶20 集输管道巡线人员罗某发现某阀室内有臭鸡蛋气味，立即通知值班队长。12∶50 值班队长带人到达现场，用可燃气体检测仪测出硫化氢浓度超标，命人穿戴正压式空气呼吸器进入阀室进行检漏确认。13∶00 检漏确认某阀室上游天然气管线泄漏，下令立即关井。

如何从上述事件描述中找到管理的缺失？从而提升安全管理绩效。

(1)首先提出疑问。

1)为何"有臭鸡蛋气味"？阀室没有安装固定式硫化氢气体检测仪吗？有标准规范要求阀室场所应该安装固定式硫化氢气体检测仪吗？

2)阀室如果安装有固定式硫化氢气体检测仪，信号未接入有人值守的控制室等显示报警吗？

3)巡线人员是未按规定佩戴便携式硫化氢检测仪？还是管理规定中未要求巡

线时佩戴便携式硫化氢检测仪？

4)集输管道阀室距离有人值守中心站较远，巡线人员是未按规定巡线时随车携带正压式空气呼吸器？还是管理规定中未要求巡线时随车携带正压式空气呼吸器？

5)为什么值班长确认后才下令关井？针对阀室硫化氢泄漏的应急预案或应急处置卡未明确了在何种异常状态下，赋予巡线人员有"先处置后上报"的权利，降低事故/事件后果的严重程度？

(2)针对上述疑问一一查实。

1)阀室没有安装固定式硫化氢气体检测仪，不符合 GB/T 50493—2019《石油化工可燃气体和有毒气体检测报警设计标准》第3.0.1条的规定，在生产或使用可燃气体及有毒气体的生产设施及储运设施的区域内，泄漏气体中可燃气体浓度可能达到报警设定值时，应设置可燃气体探测器；泄漏气体中有毒气浓度可能达到报警设定值时，应设置有毒气体探测器。

2)现有巡线管理制度中未要求巡线时佩戴便携式硫化氢检测仪和随车携带正压式空气呼吸器。

3)针对阀室硫化氢泄漏的应急预案或应急处置卡中，只规定"在紧急情况下，现场救援组可先对事故进行处理，然后汇报"。巡线人员无"先处置后上报"的权利。

(3)针对核实的情况除制定整改措施外，还可以从以下方面进行进一步管理追溯：

1)针对现有装置采用的设计、施工和运行等标准规范是否进行了更新换版？

2)换版后标准规范哪些条款适用于现有装置并进行了修订？

3)上述修订的条款与现场实际情况进行对比，风险是否可接受(满足标准规范)？如果剩余风险不可接受，采取什么措施进行管控？

4)现有隐患排查内容是否涉及可燃气体和有毒气体检测器的安装？

5)如果涉及可燃气体和有毒气体检测器的安装，排查内容和判断标准是否是现行标准规范的规定和要求？

3.14 符合性审核

案例二十七

主要关联要素：符合性审核、工艺危害分析。

（1）泵房区域符合性审核思路如下：

1）如果不清楚任何设计安装标准规范，单从泵房进入处安装有静电释放和火灾报警按钮设施，可以判定该区域为防爆区域，可能存在易燃易爆气体工艺介质，该区域风险应有：易燃易爆气体泄漏、火灾爆炸。

2）如果易燃易爆气体泄漏，如何能第一时间发现？

①泵房内应该安装可燃气体报警仪，报警信号还应接入24小时有人值守处。

②有管理规定对可燃气体报警仪进行日常维护保养和定期检定。

③有巡检要求。

3）如果发现易燃易爆气体泄漏，如何及时避免泄漏气体聚集，使其浓度不能达到爆炸限值？

①泵房安装轴流风机，与可燃气体报警信号联锁自启。

②有管理规定对该联锁进行定期测试。

③联锁故障状态下，应能泵房内和泵房外手动启动轴流风机（有可能巡检时和非巡检时发现可燃气体泄漏）。

4）如果上述措施失效，泄漏气体浓度达到爆炸限值，如何消除点火源？

①泵房内电气设备应为防爆要求。

②有管理规定对防爆电气设备进行日常维护保养。

（2）实际审核情况。

1）轴流风机未与可燃气体报警信号联锁。

2）轴流风机手动启动按钮只安装泵房内，泵房外无法启动。

3）危害因素识别未考虑可燃气体泄漏第一时间发现并启动轴流风机的风险管控措施；未考虑可燃气体报警后人员到现场只能进入泵房手动启动轴流风机所带来的风险。

（3）审核人员掌握相关标准规范。

1）GB 50019—2015《工业建筑供暖通风与空气调节设计规范》第6.4.6条规定，工作场所设置有有毒气体或有爆炸危险气体监测及报警装置时，事故通风装置应与报警装置联锁；第6.4.7条规定，事故通风的通风机应分别在室内及靠近外门的外墙上设置电气开关。

2）追溯是否有管理规定要求相关业务管理人员应收集业务范围内相关标准规范？业务范围内工艺设计说明书和设备制造等原始资料编制的依据，是管理人员收集编制规范的范围。

3）收集的标准规范相关条款是否用到试生产前安全审查和隐患排查清单中？

4）相关标准规范是否纳入培训计划中？